这些年，我们犯的都是情绪失控的错

孙 平◎编著

中国纺织出版社

内 容 提 要

你是否常常焦虑不安，感到沮丧绝望？你是否常常因为情绪焦躁而无法好好工作……如果连自己的情绪都失控了，那言行也会失控。学会驾驭自己的人生，首先从控制自己的情绪开始。

本书从分析负面情绪根源入手，为您剖析负面情绪形成的原因、解析有效控制情绪的方法，让您快速拥有积极正面的情绪。

图书在版编目（CIP）数据

这些年，我们犯的都是情绪失控的错 / 孙平编著 --北京：中国纺织出版社，2016.9 （2023.1重印）
ISBN 978-7-5180-3306-5

Ⅰ.①这… Ⅱ.①孙… Ⅲ.①情绪—自我控制—通俗读物 Ⅳ.①B842.6-49

中国版本图书馆CIP数据核字（2017）第039126号

责任编辑：闫　星　　　责任印制：储志伟

中国纺织出版社出版发行
地址：北京市朝阳区百子湾东里A407号楼　邮政编码：100124
销售电话：010—67004422　传真：010—87155801
http：//www.c-textilep.com
E-mail：faxing@c-textilep.com
中国纺织出版社天猫旗舰店
官方微博http://weibo.com/2119887771
佳兴达印刷（天津）有限公司印刷　各地新华书店经销
2017年5月第1版　2023 年 1 月第 3 次印刷
开本：710×1000　1/16　印张：16.5
字数：199千字　定价：49.80 元

前言

preface

人有七情，即喜、怒、忧、思、悲、恐、惊。情绪常常成为人们表达内心活动的真实呈现，高兴就笑，悲伤就哭，生气就横眉，恐惧就睁大眼睛。按理说，任何的情绪表达都是正常的，不须作人为的控制。但是，为了和谐人际关系，也为了自身的身体健康，情绪又是需要控制的，主要还是看一个人的自我控制能力。

首先，情绪过激，即大怒或大悲，对一个人的心理和身体都是不好的。其次，喜怒无常的情绪表达常常给身边的人带来很多麻烦，当你在生气的时候，或许对方还正沉浸在快乐之中，而情绪是可以渲染，这会让身边的人都会无端陷入情绪多变的状态中。

情绪就像染色剂，它渲染着我们的喜怒哀乐，同时，它又像一枚催化剂，催化着悲老病惧。在生活中，我们需要好的情绪，这样我们才能获得幸福与成功，不过，有时候我们也被坏情绪包围，变得沮丧、愤怒，这不仅影响着我们的生活，更重要的是严重伤害我们的身心健康。情绪，它在我们的生活中扮演了重要的角色，不同的情绪会让生活呈现出不同的颜色，要想掌握自己的命运，就必须掌控自己的情绪，做情绪的主人。

安东尼·罗宾斯说："成功的秘诀就在于懂得怎样控制痛苦与快乐这股力量，而不为这股力量所反制。如果你能做到这点，就能掌握自己的人生，反之，你的人生就无法掌握。”如果希望人生之路变得顺畅，就应该有意识地控制情绪，不仅用意志，更需要用智慧；不仅用心，更需要用对方法。

本书主要围绕情绪失控展开而来，通过生动有趣的故事，告诉你情绪失控所带来的危害，同时，分析各种“坏情绪”的来源，有针对性地给予不同的对策。阅读了本书，能够让您轻轻松松掌控自己的情绪，成为情绪的真正主人。

编著者
2016年1月

目录

contents

上篇　正视负面情绪，保持冷静

第1章　负面情绪是幸福生活的蛀虫：正确认识负面情绪 …………002

负面情绪，让简单事情变复杂 …………002

负面情绪是各种压力交织的后果 …………006

空虚的人，容易被“坏情绪”钻了空子 …………008

别让他人“带”坏自己的情绪 …………011

测测你的生气指数 …………014

第2章　小心警惕你的烦躁情绪：别让情绪失控毁了你 …………020

避免被负面情绪绑架 …………020

经常生气就好像感冒一样 …………022

负面情绪，往往会催生一个失败者 …………025

坏脾气的人，情绪常常失控 …………027

内心脆弱的人容易被激怒 …………030

第3章　小心由情绪引发的生理疾病：小情绪积郁大问题 ……034
压抑的情绪，会损害自己的健康 ……034
呵护心理，避免心理疾病的侵扰 ……037
负面情绪将危害人的身体健康 ……039
忧虑是健康的大敌 ……041
喜欢生气的人更容易患病 ……044

第4章　将爱捣蛋的负面能量释放出去：忍得住的人生不后悔 ……048
情商高的人不生气只求心静 ……048
斩草要除根，找出坏情绪的根源 ……051
心如止水，经得起坏情绪的挑逗 ……053
心向阳光，战胜负能量 ……056
敢于舍弃，方能收获轻盈的心 ……059

第5章　学会勇敢表达你的情绪：没有情绪的人生是种缺憾 ……063
敢于表现自己的负面情绪 ……063
克服紧张情绪，保持一份优雅 ……066
向朋友合理“发泄”负面情绪 ……069
寻找发泄坏情绪的合适途径 ……071
坏情绪要及时且委婉地表达出来 ……074

第6章　及时清除掉负面情绪的幼苗：学会控制自我情绪 ……078
学会转化情绪，赢得好心情 ……078
做一个智者，生气是愚者的本性 ……081
生活中需要阿Q精神 ……083

理性看待事情，不被坏情绪左右 ······ 085

我的心情我做主 ······ 088

积极暗示，摆脱坏情绪 ······ 090

中篇　排出负面情绪，让身心尽情放松

第7章　别让愤怒的魔鬼控制你：再愤怒也不能失控 ······ 096

困难面前不要愤怒，冷静才能反败为胜 ······ 096

“隔岸”观怒火 ······ 099

发怒，是用别人的错误惩罚自己 ······ 101

百气自生，找到怒火的导火索 ······ 104

以德报怨，化解内心怒气 ······ 107

第8章　要做一个内心柔和的人：远离嫉妒情绪 ······ 110

因为不自信，所以嫉妒 ······ 110

失败之后，请正视自己的嫉妒 ······ 113

与其嫉妒，不如拼搏 ······ 115

越比较，越嫉妒 ······ 118

自己有的，他未必有 ······ 121

做一个令人嫉妒的人 ······ 124

第9章　排出焦虑这种精神毒素：不要太过苛求自己 ······ 128

人为什么遭受焦虑的折磨 ······ 128

自生自气，源于内心的自卑 ······ 130

不服气，所以自怨自艾 ······ 133

悲观的心境，只会令自己更加焦虑 …… 136
远离比较，你就是独一无二的 …… 138
自己喜欢就行，不用讨好任何人 …… 141

第10章 寻找解开你心锁的钥匙：别陷入抱怨的泥沼里 …… 145
抱怨是口臭，人人避之不及 …… 145
停止抱怨，学会感恩 …… 148
与其抱怨，不如马上行动起来改变生活 …… 151
珍惜眼前幸福，化解内心怨气 …… 154
要想成为一个强者，必先无怨 …… 157

第11章 要做一个内心强大的人：用好情绪战胜失败感 …… 160
挫折中重新塑造自己 …… 160
欲成大事，必须经得起挫折的历练 …… 163
失意时，蓄足力量准备往前冲 …… 165
调整情绪，找准前进的方向 …… 168
孩子，你开错了窗户 …… 170

下篇 拥抱好情绪，赢得别样人生

第12章 好的情绪是身心健康的灵药：学会善待自己 …… 174
追逐完美是一种人生负担 …… 174
所有的烦恼不过都是放不下的执着 …… 177
活在当下，不要没完没了地考虑明天 …… 180
背后有阴影，是因为前面有阳光 …… 183

有效释放自己压力，轻松度过每一天 …… 185

第13章 设身处地地感知他人的情绪：包容和接纳别人的脾气 …… 189

理解对方的心情，才能掌控自己的情绪 …… 189

宽容，解脱了自己又放过了对方 …… 191

对方的好与坏，照单全收 …… 194

对方需要指教，而非指责 …… 197

容己之量，才能自我完善 …… 200

第14章 让人生轻松单纯且充满快乐：丢掉你的疲惫感 …… 204

工作的意义在于享受生活 …… 204

换个角度，将压力变为动力 …… 207

放宽心，很多事情无须亲力亲为 …… 209

听音乐看电影，舒缓神经 …… 211

幽默打趣，生活一路笑声不断 …… 214

请微笑，生活其实很美好 …… 217

第15章 享受轻松惬意生活：告别坏情绪 …… 220

越简单越快乐 …… 220

以淡定微笑回应一切是非 …… 222

开怀大笑是一剂良药 …… 224

尽情运动，在酣畅淋漓中忘却烦恼 …… 227

拿自己开涮，没什么大不了 …… 229

没有糟糕的环境，只有糟糕的心境 …… 232

第16章 好心态铸就美好一生：驾驭完美人生 ……235
平和惬意，不生气的人才更有福气 ……235
拥抱大自然，让坏心情随风而去 ……238
闻花草听鸟鸣，生活简单更快乐 ……240
变换色彩，心情也五彩缤纷 ……242
沁人心脾的香味，带走心底的哀愁 ……245
穿得漂亮，心情才会更漂亮 ……247
充实自己，生活丰富的人没空生气 ……250

参考文献……252

上篇

正视负面情绪，保持冷静

什么是负面情绪？即人们在遇到某些事情时内心产生的焦虑、紧张、愤怒、沮丧、悲伤、痛苦等情绪，这些情绪是一种消极体验，使人身心感到不适，有时甚至会影响人们的生活，所以称之为负面情绪。

第1章
负面情绪是幸福生活的蛀虫：正确认识负面情绪

生活中，你是否经常没有安全感？担心自己不能成功，担心自己不能让他人满意并喜欢……内心深处是否感觉到自卑，好像生活中再也没有什么能引起自己的兴趣，对学习和工作感到缺乏耐心，非常在意别人对自己的评价……常常生气，情绪失控。那么，现在开始，请理性看待自己的情绪，别让情绪失控毁了自己。

◆ 负面情绪，让简单事情变复杂

负面情绪，与正能量相对。负面情绪是一种快速把人的情绪拉低，使人陷入低沉的东西，这就是一种“负”能量，换而言之，也就是只会让我们变得越来越糟糕，甚至最后被这个负能量吞噬。我们经常会说的一句用来安慰人的话是“人生不总是一帆风顺的”，但似乎这句话的效用只会发生在当我们对一些失意的人说时，实际上，我们自己似乎从来没有去深思这句话的含义，一旦在自己身上发生了许多不开心的事情，我们就会想到逃避，甚至开始在体内滋生一系列负能量：自卑、贪婪、嫉妒，等等。而这些将会摧毁我们好不容易建立起来的自信和成功。

威廉多年以来一直担任某出版公司的高层主管。

威廉每天都需要把工作中一半的时间用来开会和讨论问题，比如，这个问题应该这样？还是那样？或者这个问题根本不用理会，这时他都会表现得异常紧张，坐立不安，在房间里走来走去，与下属讨论，不停地争辩，一个会议可以开到晚上，散会时，威廉总是感觉到精疲力竭。

在这样的日子重复很多年之后，威廉以为他这一辈子都会这样，不过，他也在想，或许会有更好的办法。

威廉的秘诀是：

第一，马上停止了会议中一直使用的程序，比如，在以前，他会跟那些同事先报告一遍问题的细节，最后再询问“我们该怎么办呢”。

第二，定下了一条新的规矩，任何人想要问他问题，必须事前准备好一份书面报告，并提出三个问题：

（1）到底是出了什么问题？

在过去我们这种会议一般都要开一两小时，但是大家还弄不清楚真正的问题在哪里，大家经常是开始讨论问题，却不愿意提前写出来所讨论的问题究竟是什么。

（2）是什么导致了问题的出现？

回想了过去的会议，他惊奇地发现，虽然在这种会议上浪费的时间很多，但最后都没有找出是什么导致了这个问题的出现，也就是说，这个会议根本没有达到预期的效果。

（3）怎么样来解决这些问题？

出现了问题肯定需要解决，在过去的会议上，只要有一个人提出了一个解决方法，就有其他的人为此跟他争论，于是大家也就争论了起来，结果常常是说着说着就说到了别处，直到开完会，还在进行那个题外话。

当他提出这样几个问题之后，他说：“过去那些跟我一起开会的人，经常会在会议上绕圈子，却从来没有想到过切实可行的解决方法，现在，我的下属很少会把他们的问题拿来找我了，因此他们发现在找我时需要回答我上面这几个问题之后，经过仔细思考这些问题，发现大部分问题都不需要再来找我商量了。”

以上就是威廉如何摆脱自己的负面情绪，在过去，每当结束一个会议，总感觉很累，而且更糟糕的感觉是问题还没得到解决，既浪费了时间，又觉得根本没达到自己想要的效果。这样长此以往，最终的结果是他越来越害怕开会，甚至他听到“开会”这两个字都会打不起精神来，这其实就是一种负面情绪，它不断地使人否定自己，打击自信心，最终他就会在负能量的召唤下变得更糟糕。

不要否认，负面情绪是属于我们潜意识里的，其实它一直存在，就好像一个魔鬼，只是在我们没唤醒它的时候，它就像一个熟睡的孩子，一旦触动，则会影响我们身心，乃至一生的幸福生活。在每个人的身体内部都潜伏者负面情绪，它通过潜意识微妙地影响着我们生活中的每一件事，虽然，它的存在是我们可以忽略不计的，但至少，它占据了属于强大的正能量的空间。

情绪启示

在生活中每个人都有面对困难和痛苦的经历，它们显然是负面情绪的来源，而且，人们到最后会发现，这些痛苦糟糕的经历带来的创伤会在人们内心某个地方留下情感的伤疤，它就像是抹不掉的阴影。当然，负面情绪不仅仅来自这些糟糕痛苦的经历，有时候甚至生活中的小事也有可能成为我们负面情绪的来源：

1.喜欢轻易下结论

人们或许不知道，轻易下结论是一个隐蔽的陷阱，这会让我们很容易把一个人的行为和他的为人联系起来。其实，关键点在于，我们在不同的时间有不同的处事方式，这会带来多方面的变化，每件事情的变化都会影响到我们的情绪以及我们的自我控制能力和对待他人的方式。

2.喜欢比较

许多人都有攀比心，这其实是一种不健全的心态，虽然来源于竞争的环境，但我们更应该清楚，有人会成功，就有人会失败。生活并不是和其他人的一场竞争赛，我们只需要做好自己，成为自己梦想中的那个人，永远不要沉浸在攀比的游戏中。

3.总觉得自己很委屈

许多人存在这样一种心理，好像全世界只有自己最委屈，他们始终扮演了一个受害者的角色。其实，这是我们不愿意承担自己生命中的个人责任，假如我们总觉得自己很可怜，那我们就会长期处于一个自卑、自闭、负面而狭隘的心态，我们会拒绝正能量的加入，到最后我们所受到的是更多的负面影响。

4.总看到事情不好的一面

其实，这个世界是美好的，但我们的知觉形成了我们看待事情的方式。假如我们总是看到事情不好的一面，那我们的感受就是极其糟糕的，那些不好的感觉会不断地被放大，而积极的感觉则会缩小，于是，负能量就会在我们体内滋长，就好像是少量的毒药，点滴积累却足以毁掉我们原本美好的生活。

5.总喜欢回忆过去痛苦的经历

就像祥林嫂不断地向人们诉说自己的痛苦经历一样，许多人总容易沉浸在过去的痛苦回忆中，固执地去收集那些不愉快的经历和情感，然后累积起来，那些糟糕的感觉如毒气一样挤压在胸口，终有一日爆发，让自己伤得体无完肤。我们应该知道，执着于负面情绪就好像服毒，会上瘾，而且会推着我们走向灭亡之路。所以，假如你有一段不愉快的经历，那学会释怀，淡忘。

◆ 负面情绪是各种压力交织的后果

人们最初踏入社会，是怀着美好愿望的，他们希望自己的能力得到施展，抱负得以实现，但是，社会的残酷与现实打击了他们最初的信心，给他们身心带来了巨大的压力。无论是生存压力，还是工作压力，对人们情绪都是有着重要影响的，一旦压力来袭，情绪就会恶劣，容易生气、烦躁，似乎看什么事情都不顺眼，内心的情绪积压过久，总想痛快地发泄一番。因此，那些给自己压力越多的内向者他们心中的负能量就越来越多，致使正能量不断消失。

据一项社会调查发现，那些生活、工作条件良好、受过较高程度教育的城市人，他们对生活的满意度远远不如农村人，来自生活和工作的压力让他们的生活质量大打折扣。近些年来，城市人的脾气似乎越来越大，他们自己则常常感觉到紧张、焦虑、容易愤怒，甚至在悲观时有自杀解脱压力的念头。通过这项调查显示，同农村人相比，城市人体力工作的强度、时间都少于农村人，而且，更注重健康的生活方式，但是，城市人的精神状况却显著差于农村人。

在几年以前，艾伦开始做保险推销员时，他对这份工作充满了热情。但是，最开始的工作很不容易上手，这使得他十分悲观，信心大受打击，甚至一度想辞去这份工作。不过，庆幸的是，在一个星期六的早晨，艾伦努力让自己平静下来，开始反思自己遭受负面情绪困扰的原因。

艾伦首先问自己："究竟出了什么问题？"在很多时候，当他去拜访客户的时候，经常搞得自己身心疲惫，但收到的效果却是微小的。每次都是与顾客谈得十分融洽，一旦到最后的签约环节，客户却不能爽快答应，经常所说的是："你看这样好不好，我再考虑考虑，下次再答复你吧。"每次艾伦都是白费口舌，无功而返，这使得他想起自己的推销经历就十分沮丧。

然后艾伦继续思考："有什么可行的解决办法呢？"为了寻找答案，他开始反思自己的行为，并将过去12个月的工作记录作为研究对象，仔细研究上面的数据。结果却令艾伦十分惊讶：在自己所卖出的保险中有70%是在第一次见面时成交的，另外23%是在第二次见面时成交的，只有7%是在他多次回访，费尽口舌签下的合约。不过，让艾伦震惊的是，恰恰是最后那7%耗费了他大部分的时间和精力，他差不多把一半的工作时间都花在那7%上面了。

这样一来，艾伦总结出有价值的经验：超过两次的拜访是没有必要的，我应该将节省下来的时间用于寻找新的客户。于是，减少了不少内心压力的艾伦开始采用了新的方式，结果业绩突飞猛进，他平均每次拜访的回报几乎翻了一番。

同时在调查中，个人工作稳定、收入有保障列为城市人平日最关心的问题，对工作的极度关注使得许多城市人明显觉得工作压力影响到了个人健康。另外，城市的快速发展和工作的快节奏让许多城市人觉得自己似乎有点力不从心，60%左右的城市人对自己工作状况并不满意，而且，来自家庭以及婚姻的压力也会让他们感到焦头烂额。

情绪启示

每天，人们都面临了诸多压力，有可能是事业不顺而造成的工作压力，有可能是感情不顺而造成的感情压力，还有可能家庭不和谐而造成的家庭压力，对此，心理学家把这些压力都统称为“社会压力”。社会压力对内向者来说，将直接转换成心理压力、思想负担，久而久之，就会成为心结。如果这种压力，长久以来得不到有效释放，就会越积越多，并产生出巨大的能量，最终，它就像一座火山一样爆发出来，导致的结果是，人们的情绪大变，总感觉自己活得太累，每天都不开心，脾气越来越坏，甚至，有严重者精神崩溃，做出傻事。面对巨大的社会压力和心理压力，最重要的是自我调节、自我释放。

1.养成良好的作息习惯，营造良好的睡眠环境

在平日生活中，人们需要养成按时入睡和起床的良好习惯，稳定的睡眠，

可以避免引起大脑皮层细胞的过度疲劳；注意调节卧室里的温度，睡眠环境的温度要适中；在卧室内可以使用一些温和的色彩搭配，这样人们在一个良好的环境中自然能够放松心情，顺利进入睡眠，并保证良好的睡眠质量。

2.放松精神，舒缓压力

人们需要缓解自身的压力，比如，在睡前可以进行适量的运动，听听音乐，或者是头部按摩运动来缓解压力；也可以进行短距离的散步。可以在睡觉前播放一些轻柔的乐曲，在入睡前按摩头部，面部，耳后，脖子等部位，这样可以使身心都放松下来，舒缓了白天的各种压力。

3.给自己的压力要适当

心理学家建议：适当的压力有助于自己激发更强的斗志，但是，正如任何事情都有一定的度，压力过大就会影响到正常的情绪。因此，在日常生活中，我们要给自己适当的压力，只要不是太糟糕的事情，我们应该学会忘记，这样一来，那些琐碎的小事就影响不到我们了。

◆ 空虚的人，容易被“坏情绪”钻了空子

塞涅卡说：“人类最大敌人就是胸中之敌。”在现代人的字典里，“空虚”这个字眼所蕴含的重量似乎越来越重，许多上班族都有这样的经历：“我有工作，但是，一天什么事情都不想干，总是提不起精神，面对着电脑，也不知道自己要做些什么，真不知道以后的日子该如何走下去，心里空虚得要命。”空虚，是一种消极的状态，不能明确自己的目标，不知道今后的路该怎么走，更重要的是，在这样的心理状态下，坏情绪很容易“钻”了空子。他们常常因为自己的胡思乱想，而把怒火洒到其他人身上，而且，还自认为生气是

很有道理的。可是，生气之后，他们浑然忘记了自己到底为什么生气，难道就是为了摆脱心里的空虚吗？所以，如果你是一个空虚的人，需要时刻警惕，不要让自己掉入坏情绪的陷阱。

在生活中，人们往往存在着不同的心态，有的人乐观，有的人却悲观，乐观的人情绪平和安静，而悲观的人很容易受到情绪的波动。其实，空虚本身就是一种悲观的心态，空虚的人很容易陷入自我休眠中，因为找不到前方的路而迷失了自我。心中没有前进的方向，没有心灵的归宿，因而，他们总是花很多的时间和精力来想一件事情，哪怕只是一件微不足道的事情，他们想着想着，也能想出愤怒的情绪来。心的无力感让他们感觉到诸多不安的情绪，在很多时候，他们自己也很想从空虚感中摆脱出来，可是，越是空虚，越是容易生气，越是生气，越感到前途渺茫。在这样的情绪循环中，情绪越来越汹涌，并渐渐主宰了他们。

小杨和男朋友相恋一年多了，可是，这段感情一直遭到父母的反对，在这个气氛尴尬的夜晚，父亲在电话里的那头生气地说道："你要是再这样下去，就永远不要回这个家了。"电话放下后，小杨心都凉了大半截，未来该怎么办呢？和男朋友分手，接受那个家人介绍的对象？坚持自己的选择，和男朋友远离家人？路有千条万条，可小杨就是不知道自己该选择哪一条。

白天，男朋友上班了，小杨一个人待在家里，总想找点事情做，可是，内心的那种无力感和空虚感袭来了，她觉得浑身都没劲，就想一直沉睡，至少睡着了谁也打扰不了。偶尔，思绪万千的时候，她也会想起与男朋友诸多的不合适，以及父母的担忧，越想心中越是焦虑，有时候，想着想着，她就暗暗下决心："今天晚上和男朋友说分手的事情，一定不能心软。"于是，等到男朋友回家的时候，小杨心中的怒气就上来了，尤其是看到某些自己不能认同的行为，小杨更是怒火中烧，大声斥责："我们结束吧，我不想继续了。"而且，这样的情景不是一次两次，而是多次，每次小杨独自一个人在家里，由于内心的空虚与混乱，总会胡思乱想，男朋友也感到很疲惫了，偶尔，他也会劝小杨："没事就出去透透气，不然，在家里迟早会闷出病来。"小杨内心里相当清楚，自己真的是由空虚而生气的，可是，有时候总是克制不住自己，也不知道自己到底该怎么办？

小杨内心的空虚，总是让"坏情绪"钻了空子，结果，好端端地生了那么多气。在人生的旅途中，失败得失，恩恩怨怨，乃至空虚寂寞，始终伴随着我们。如果我们总是把这些伤心的话、烦恼的事情、无聊的事情记在心中，永远留在心里，无疑于背上了沉重的包袱，套上了无形的枷锁，同时，也让郁积在心中的不良情绪有了可趁之机。

情绪启示

从心理学角度说，空虚是一种消极情绪。那些空虚的人，无一例外都是对理想和前途失去信心，对生命的意义没有正确认识的人。他们对现实消极失望，以冷漠的态度来对待生活，遇人遇事就摇头。有时候，为了摆脱空虚，他们会沉浸到另外一种空虚的生活中，漫无目的地游荡、闲逛，消磨大好时光，因此，空虚所带给我们的，是百害而无一利。那么，面对空虚，我们该怎么调整自己呢？

1.有理想

俗话说："治病先治本。"空虚的产生主要源于对理想、信仰以及追求的迷失。知晓了空虚产生的根源，那么就要对症下药。树立远大的理想、拟定明确的人生目标，这就可以成为消除空虚的最有力的武器。当然，这并不是说你树立了目标，空虚就被驱赶走了，而是当我们坚定地朝着自己目标前进的时候，空虚才会慢慢地远离我们而去。

2.提高心理素质

有时候，即使是两个人生活在同一个环境中，但由于心理素质不同，其结果也会不同。有的人遭遇了一点点挫折就偃旗息鼓，他们很容易就陷入了空虚中；有的人面对困难却丝毫不畏缩。所以，提高自我的心理素质，也能够将空虚及时地消灭，不给它进一步侵蚀心灵的机会。

3.保持一份热情

生活本身是美好的，主要是看我们以怎样的态度去面对它。对生活缺乏热情的人，他们心中只有空虚，以及百无聊赖的寂寞，而那些对生活充满了热情的人，哪怕是蓝天白云，高山大海，他们依然积极地去感受大自然的美丽。当那份热情填补了生活的空白，你哪还有精力和时间去空虚呢？

◆ 别让他人“带”坏自己的情绪

著名作家大仲马说：“你要控制你的情绪，否则你的情绪便会控制了你。”其实，情绪是可以互相感染的，尤其是坏情绪，它就像传染病一样，四处流窜，稍有不慎，我们就有可能被感染了坏情绪。对此，耶鲁大学组织行为教授巴萨德说：“有四分之一的上班族会经常生气。”有的人之所以会生气，是因为受了身边人坏情绪的影响，这就是情绪的“传染”。对于那些流窜在我们身边的“坏情绪”，千万不要惹火上身，被他人带“坏”，要知道，好情绪需要自给自足。

美国洛杉矶大学医学院的心理学家加利·斯梅尔经过长时间的研究发现：原本心情舒畅、开朗的人，若同一个整天愁眉苦脸、抑郁难解的人相处，不久也会变得情绪沮丧起来。而且，一个人的敏感性和同情心越强，越容易感染上坏情绪，坏情绪的传染过程是在不知不觉间完成的。比如，在家庭中，丈夫的情绪低落，那么，妻子就很容易出现情绪问题。关于坏情绪的传染，时间之短令人惊叹：美国密西根大学心理学教授詹姆斯·科因的研究证明，只要20分钟，一个人就可以受到他人低落情绪的传染。对此，在生活中，要想拥有一份好情绪，就应该对自己做好保护措施，不被他人带“坏”，努力保持良好的情绪。

有个小男孩儿心情不好，在路边遇到一条小狗，便一脚狠狠踢去，吓得小狗狼狈逃窜；小狗无端受了惊吓，这时，它见到了一个西装革履的老板，心中冤屈的它便汪汪狂吠；心情不好的老板在公司里逮住他的女秘书大发雷霆；女秘书回家后把怨气一股脑儿撒给了莫名其妙的丈夫。

第二天，这位身为教师的丈夫如法炮制，对自己一个不长进的学生一顿狠批；于是挨了训的学生，也就是在这之前所说的那个小男孩儿就怀着一种很恶劣的心情回家了，在回家的路上又碰到了那条小狗，于是他二话不说，又是一脚踹向了那条狗……

“情绪链”也就是我们常说的“情绪感染”，它所指的是一个人的坏心情很容易影响几个人的好心情。上面这个故事就是一个最典型的例子，那么，如何才能防止情绪感染呢？我们应加强自己品格和心情的修养，多一些理性，克服自己情绪化的特点。

有一次，哈里斯和朋友去买报纸，交完了钱，那位朋友礼貌地对卖报人说了声谢谢，但卖报人态度冷漠，没有一句客套话。在回家的路上，哈里斯问道：“这家伙态度很差，是不是？”朋友漫不经心地回答，似乎并不生气：“是啊，他每次都这样。”哈里斯有点疑惑地问道：“那你为什么还对他那么客气？”朋友微微笑了一下，回答说：“我为什么要让他决定我的行为？”

哈里斯的朋友并没有因为卖报人的不礼貌而生气，不要别人来左右自己的情绪，而是自己掌控情绪。就如哈里斯的朋友所说“为什么要让他决定我的行为呢”，在生活中，也是一样的道理，别人生气是别人的事情，我们只需要掌控好自己的情绪就可以了，千万不要上了坏情绪的当，看见别人生气，忍不住自己也生气，最后，你就成为了坏情绪的传染对象。

情绪启示

聪明人，他会紧紧地握住自己快乐的钥匙，他不期待别人给自己带来快乐，反而会将自己的那份快乐带给别人，他们才是情绪真正的主人。其实，在我们每个人的心中都有一把控制情绪的钥匙，但是，大多数人却不知不觉地将这种钥匙交给别人掌管。掌控不了自己的情绪，情绪则成为了我们的主人，那么，在任何时候，我们的言行被情绪牵着走，最后，情绪不仅成为了我们成功路上的绊脚石，而且，它将给我们的生活带来诸多的麻烦。

在生活中，我们身边的人随时都可能会生气，这时，距离他们最近的自己该如何避免那些坏情绪呢?

1.离开或避开对方

如果我们身边的人火气上来了，那么，这时一个眼神、一句话都有可能会勾起我们心中的怒火。对此，还是先避开为妙，选择离开或者避开生气的当事人，保持清醒的头脑，然后再仔细想一想，然后，你就会觉得没什么大不了的事情。

2.转移注意力

如果对方老是在那里生气，你不妨也做一些事情来转移自己的注意力。比如，看看报纸、看看电视、唱唱歌、洗个澡，做一些相对来说轻松的事情，这样，你就会发现自己的好心情一点也不受影响。

3.暂停一会

美国第三任总统杰弗逊说的那样：“先数到10，然后再说话，假如怒火中烧，那就数到100。”这样，脑中绷紧的弦会稍微松弛下来。在自己快要被感染的时候，暂停一会，努力使自己清醒，这样，你就不会被坏情绪感染了。

◆ 测测你的生气指数

一个人在生气时能产生多少能量呢？有人戏谑地对女人的生气做了一个形象比喻："普通的怒火能使三支蜡烛燃烧，最厉害的怒火能点燃一辆汽车引擎。"或许，我们会觉得这样的形容比较夸张，但是，事实上，生气所形成的能量的确是惊人的。心理学家向我们建议，在现实生活中，生气并不是一件坏事，学会生气却又不伤身才是聪明人的做法。同时，心理学家把那些喜欢生气的人所产生的能量称为"生气指数"，每个人都有自己的一份生气指数，可能，有人不怎么喜欢生气，有人却常常生气，那么，他们的情绪情商都是有差别的，如何来了解自己的"生气指数"呢？

美国心理学家的研究结果表明，一个人若是不愿意宣泄自己不满情绪或喜欢抑制自己愤怒，这样，他们很容易在抑制愤怒的过程中缩短自己的寿命。事实上，不仅抑制自己的愤怒会缩短自己的寿命，而且常常生气也会使一个人缩短寿命。另外，心理学家通过研究表明，那些所谓的长寿者基本上都属于"温和"的类型，他们的生气指数偏低。生气对一个人的身心健康有着不利的影响，一方面，生气不利于心脏的健康；另一方面，生气还会影响免疫系统的正常工作，有可能会引起大脑内激素的变化。因此，我们需要清楚地了解自己的"生气指数"，努力控制自己的情绪，使自己成为一个高情商的人。

哈佛大学曾帮助学生做了"生气指数"的测试，下面就是一份哈佛大学当时的测试卷。一共为16道题，前面15题，若答"是"就得1分，反之不得分；第16题答"否"得1分，反之不得分，你可以通过这样的测试，来了解自己的"生气指数"。

（1）有时候我想骂人。

（2）有时候我想摔东西。

（3）我经常对自己的愤怒和抱怨莫名其妙。

（4）有时候我想对别人实施武力。

（5）我很容易对别人不耐烦。

（6）别人常说我脾气不好。

（7）排队时看到有人插队，我会忍不住提醒他。

（8）对于态度粗鲁或烦我的人，我将以牙还牙。

（9）我常对自己的易怒和抱怨后悔不已。

（10）有人催我，我会生气。

（11）我很死板。

（12）有时候我太生气，太伤心，真不知自己会做出什么。

（13）我喝酒时曾摔过家具或碗碟。

（14）有时别人气得我简直要爆炸。

（15）我曾因生气同他人进行过武力较量。

（16）我几乎从未失控过。

结果分析：

0～1分：脾气温和，基本不会有因生气导致心脏病的危险；

2～4分：中等，因生气导致心脏病的危险系数是温和人群的2.7倍；

5分以上：暴躁，因生气导致心脏病的危险系数是温和人群的3.5倍。

曾经，有一篇科学报告中说了这样一段话："一个人在生气时的分泌物可以毒死一只老鼠；如果一个人生气5分钟，所消耗的体能不亚于跑2千米所消耗的体能。"对此，许多科学家得出了这样的结论："一个人在很大程度上并不是老死的，而是被气死的。"由此可见，对于我们来说，拥有健康的心理是非常重要的，良好的情绪，温和的脾气都是良好心理素质的必备条件，这样，在任何时候，我们都处于泰然自若，平静如水的境地，而这正是高情商的标志。或许，你很想知道自己是属于哪种情绪类型？那么，不妨来做做哈佛大学的情商测试。（注：每道题都3个选项，所选择的答案分数在小括号里。）

（1）假如让你选择，你更喜欢：

A.与许多人一起工作，并进行亲密接触（3） B.和一些人一起工作（2） C.独自工作（1）

（2）当为解闷而读书时，你会喜欢：

A.史书、秘闻、传记类（1） B.历史小说、“社会问题”小说（2） C.科幻小说、荒诞小说（3）

（3）对恐怖电影反映如何？

A.不能忍受（1） B.害怕（3） C.很喜欢（2）

（4）以下哪种情况与你相符：

A.很少关心他人的事（1） B.关心熟人的生活（2） C.爱听新闻，关心别人的生活细节（3）

（5）到外地时，你会：

A.为亲戚们的平安感到高兴（1） B.陶醉于自然风光（3） C.希望去更多的地方（2）

（6）你看电视剧时会哭或感动得哭吗？

A.经常（3） B.有时（2） C.从不（1）

（7）路上遇见朋友时，通常是：

A.点头问好（1） B.微笑、握手和问候（2） C.拥抱他们（3）

（8）假如在飞机上有个烦人的陌生人要你听他讲自己的经历，你会怎样：

A.显示你颇有同感（2） B.真的很感兴趣（3） C.打断他，做自己的事（1）

（9）你想过给报纸的问题专栏写稿吗？

A.绝对没想过（1） B.有可能想过（2） C.想过（3）

（10）当别人问你的个人隐私时，你会怎样？

A.感到不快活和气愤，拒绝回答（3）　B.平静地说出你认为合适的话（1）　C.虽然不快，但还是回答（2）

（11）在咖啡店要了杯咖啡，这时发现邻座有一位姑娘在哭泣，你会怎样？

A.想说些安慰话，但却羞于启口（2）　B.问她是否需要帮助（3）　C.换个座位远离她（1）

（12）在朋友家聚餐之后，朋友和其爱人吵了起来，你会怎么做？

A.觉得不快，但无能为力（2）　B.马上离开（1）　C.尽力为他们排解（3）

（13）送礼物给朋友：

A.仅仅在新年和生日（1）　B.全凭兴趣（3）　C.在觉得有愧或忽视他们的时候（2）

（14）刚认识的一个人对你说了些恭维话，你会怎么样？

A.感到窘迫（2）　B.谨慎地观察对方（1）　C.非常喜欢听，并开始喜欢对方（3）

（15）假如你因家事不快，上班时你会：

A.继续不快，并显露出来（3）　B.工作起来，把烦恼丢在一边（1）　C.尽量理智，但仍因压不住而发脾气（2）

（16）生活中的一个重要关系破裂了，你会：

A.感到伤心，但尽可能正常生活（2）　B.至少在短暂时间内感到痛心（3）　C.无可奈何地摆脱忧伤之情（1）

（17）一条迷路的小狗闯进你家，你会：

A.收养并照顾它（3）　B.扔出去（1）　C.想给它找个主人，找不到就让它安乐死（2）

（18）对于信件或纪念品，你会：

A.刚收到时便无情地扔掉（1） B.保存多年（3） C.两年清理一次（2）

（19）你会因内疚或痛苦而后悔吗？

A.是的，一直很久（3） B.偶尔后悔（2） C.从不后悔（1）

（20）与一个很羞怯或紧张的人说话时，你会：

A.因此感到不安（2） B.觉得逗他讲话很有趣（3） C.有点生气（1）

（21）你喜欢什么样的孩子？

A.很小的时候，而且有点可怜巴巴（3） B.长大了的时候（1） C.能同你谈话的时候，并且形成了自己的个性（2）

（22）爱人抱怨你花在工作上的时间太多了，你会怎样？

A.解释说这是为了两人的共同利益，然后仍像以前那样（1） B.试图把时间更多地花在家庭上（3） C.对两方面的要求感到矛盾，并试图使两方面都令人满意（2）

（23）在一场非常精彩的演出结束后，你会：

A.用力鼓掌（3） B.勉强鼓掌（1） C.加入鼓掌，但觉得很不自在（2）

（24）当拿到母校出的一份刊物时，你会：

A.通读一遍就扔掉（2） B.仔细阅读，并保存起来（3） C.不看就扔进垃圾桶（1）

（25）看到路对面有一个以前的朋友时，你会：

A.走开（1） B.走过去问好（3） C.招手，如对方没反应便走开（2）

（26）知道一位朋友误解了你的行为，并且正在生你的气，你会怎样？

A.尽快联系，作出解释（3） B.等朋友自己清醒过来（1） C.等待一个好时机再联系，但对误解的事不作解释（2）

（27）你怎样对待不喜欢的礼物？

A.立即扔掉（1） B.热情地保存起来（3） C.藏起来，仅在赠者来访时才摆出来（2）

（28）对示威游行，爱国主义行动，宗教仪式的态度如何？

A.冷淡（1）　B.感动得流泪（3）　C.使你窘迫（2）

（29）你有没有毫无理由地感到过害怕？

A.经常（3）　B.偶尔（2）　C.从不（1）

（30）你属于下面哪种情形？

A.十分留心自己的感情（2）　B.总是凭感情办事（3）　C.感情没什么要紧，结局才最重要（1）

结果分析：

30~50分：你的情绪类型是理智型，你有较强的自制力，缺点是对别人的情绪缺少反应，建议放松一下自己；

51~69分：你的情绪类型是情绪型，有时候会感情用事，有时又十分理性，一般很少与人争吵，爱惜生活，生活得愉快、舒心；

70~90分：你的情绪类型是冲动型，很重感情，会意气用事，建议你以后遇事镇定一些。

第2章 小心警惕你的烦躁情绪：别让情绪失控毁了你

一份好心情，就如同阳光雨露，能够使我们身心得到健康。坏情绪的积压，形成一种消极的心态，主要表现为容易生气、心情时好时坏等等。事实上，多给自己一些阳光和微笑，学会做情绪的主人。

◆ 避免被负面情绪绑架

每个人不过是一个凡夫俗子，怎么会生出那么多的“负面情绪”呢？有什么值得生气的呢？一个人在生气时都有这样或那样的理由：受到了不公正的待遇会生气，受到他人的辱骂会生气，受到朋友的欺骗会生气，等等。虽然，只要一个人还活着，他就免不了生这样或那样的气，但是，很多时候，我们只是“拿别人的错误来惩罚自己”，本来犯错的就不是自己，何必要生出那么多的气来？何故要抛弃开心呢？而且，生气并不是一件皆大欢喜的事情，既伤自己的身心，又会得罪了朋友或身边的人。所以，学会为生活多增加一些阳光雨露，开开心心，不要被负面情绪绑架，因为充满怨气的天空是看不见美丽的彩虹的。

从前，有一个妇女，她心胸狭窄，总是为一些小事生气，每一次生气，她都没有办法控制自己。长此以往，妇女的脾气变得越来越坏，为了改掉自己的坏毛病，妇女向一位大师求助。见到大师，妇女就把自己的苦恼一股脑儿全倒出来，大师听了，一句话不说，就把妇女带到了一个封闭的柴房里，然后，把大门反锁了。妇女气得破口大骂，她一个人在漆黑的屋子里骂了很久，但是，没有一个人来理会她。妇女骂累了，她想到自己无论骂多久都是没用的，她又开始哀求大师开门，但是，大师还是无动于衷。

后来，妇女沉默了，大师才来到了门外，问道："你还生气吗？"妇女回答说："我生气的是我自己，我真是瞎了眼，怎么会到你这种地方来受罪。"大师眼睛看着远处，说道："连自己都不原谅的人怎么能心如止水？"说完，拂袖而去。过了一会儿，大师又来了，问道："还生气吗？"妇女回答说："不生气了。"大师追问："为什么？"妇女无奈地回答："气也没有办法呀。"大师点点头，说道："但是，你的气并没有真正地消逝，那气团还压在心里，爆发后将会更加剧烈。"说完，大师又离开了。

大师再次来到门前，妇女主动告诉大师："我不生气了，因为这根本不值得。"大师笑着说："还知道值得不值得，可见你心中还有衡量，还是有气根。"妇女不解，问道："大师，什么是气？"这时，大师打开了房门，将手中的茶水洒在地上，妇女想了很久，恍然大悟，向大师叩谢而去。

在大多数时候，生气并不能真正地解决问题，而且，生气是一件不值得的事情，既然，生气了不能解决问题，那何必不怀着一份开心的心情来面对呢？在积极乐观的心态下，或许会对解决问题有良好的助推作用，同时，我们摆脱了"负面情绪"的打扰，重新获得了一份愉快的心情，这何尝不是一件美事呢？

情绪启示

哲人说："生命的完整，在于宽恕、容忍、等待和爱，如果没有这一切，即使你拥有了一切，也是虚无。”生活中本没有那么多的烦恼，而是生气太多，烦恼才会形成了“气团”，从而使我们的生活开始不得安宁。如果你能仔细回想每一件事情，你会发现，原来上天也很眷顾自己，亲人一直陪伴左右，朋友也从未主动离弃。为什么一定要受坏情绪的绑架呢？

1.对负面情绪置之不理

负面情绪是一种奇怪的东西，若你根本不在意它，那么，它会主动消失。如果你总是任由“负面情绪”横冲直撞，那么，乌云将笼罩整片天空；如果根本不在意它的存在，那么，美丽的彩虹会重归生活。人生的快乐是享受不尽的，哪里还有多余的时间去生气呢？

2.生气是用别人的错误来惩罚自己

德国哲学家康德曾说：“发怒，是用别人的错误来惩罚自己。”或许，别人的错误是应该受到惩罚，但并非一定要通过自己的生气来实现，而且，生气并不能达到惩罚他人的目的。既然错误在于别人，自己为什么要生气呢？

3.生气毫无用处

难道自己发了很大的脾气，对方就能受到惩罚吗？结果恰恰相反，气得大哭，红肿的是自己的眼睛；气得一个人喝闷酒，伤害的是自己的身体；气得丧失理性，疯狂购物，挥霍的是自己的钱财，其实，这都是对自己的惩罚。而且，生气非但解决不了问题，反而会把问题弄的更加复杂。

◆ 经常生气就好像感冒一样

著名作家大仲马说：“你要控制你的情绪，否则你的情绪便会控制了你。”对此，耶鲁大学组织行为教授巴萨德说：“有四分之一的上班族会经常生气。”如此看来，人们经常受到不良情绪的干扰，而且，稍有不慎，情绪就会成为我们的主人。有人这样形象比喻：“经常性的生气就好像不断地感冒一样。”在日常生活中，如果我们想要避免感冒的侵袭，通常的做法是防护自己的身体，这样，感冒的病毒就不会传染到自己的身上。负面情绪与感冒一样，如果我们没能最好预防工作，无可避免地，会常常生气或感冒。因此，为了不让坏情绪的毒传染到自己，我们应该做好一级防护。

爱德华·贝德福讲述了自己的经历：

在十几年前，在美国最著名的石油公司，有一位高级主管作出了一个错误的决策，而这个决策使整个公司亏损了二百多万美元。当时，洛克菲勒是这家石油公司的老总，而我则是这家石油公司的合伙人。事情发生之后，我并没有前往石油公司，但是，我从侧面了解到，在公司遭到巨大经济损失后，那位主要责任人却一直在躲避洛克菲勒，企图躲过一劫。我感到事情不好处理，怀着对那位主管的责难的心情，我走进了石油公司的办公室。

当我走进洛克菲勒的办公室，正看见他在一张纸上写着什么，或许是听到了我的脚步声，洛克菲勒抬起头，向我打招呼：“哦，是你？我想你已经知道我们公司的损失了，我思考了很久，但是，在叫那个高级主管来讨论这件事情之前，我做了一些笔记。”我点点头，心想，应该计算一下那位主管所造成的经济损失，这样才有说服力。我走了过去，看了看那张纸，顿时，我惊呆了，那张纸上居然写着那位高级主管的一系列优点，其中，那位主管还曾三次为公司做出过正确的决策，于是，洛克菲勒在后面备注了这样一句话：“他为公司赢得的利润远远超过了这次损失。”

看完了洛克菲勒所记载的那些，我感到十分不解，向他质问道：“难道你打算原谅那位让公司损失200万美元的家伙？你对此难道不感到生气吗？”洛克菲勒并没有理会夹杂在话里的怒气，他笑着回答：“难道你觉得这样不合适吗？听到公司损失的消息之后，我比你生气，当时就决定解雇这位主管，但是，当我平静下来以后，发现事情并没有如此糟糕，经济的损失可以通过下次再赚回来，而优秀员工的失去则是不可挽回的。”当然，那位主管最后并没有受到任何责备，我心中的怒气也消失得一干二净。

这件事情对爱德华·贝德福的影响非常大，以致后来，他在回忆这件事情的时候，还忍不住发出了这样的感慨：“我永远忘不了洛克菲勒处理这件事的态度，它影响了我以后的生活，我不再轻易生气，甚至，面对怒气，我已经做好了一级的防护工作。”这一点并不假，所有贝德福下面的员工都可以做证，在这件事以后的时间里，贝德福的脾气出奇的好，几乎没有情绪波动的时候。

情绪启示

生气，是一个人由于自己的尊严或利益受到伤害而产生冲动的情绪，并且这样的状态很难一下子就冷静下来。对此，心理学家认为，生气是人的弱点，所谓的大胆和勇敢，并不是动辄生气，而是学会思考，学会克制自己内心的冲动情绪。

1.学会冷静思考

阻止不良情绪的蔓延，就如同抵制感冒的侵袭，我们应该增强自身抵抗能力，善于思考，努力使自己变得平和，这样，即使情绪怒气冲冲而来，我们也能将它阻拦在外，冷静处理事情。当然，为了避免怒气的蔓延，我们所需要做的防护工作主要在于学会思考，冷静，使自己在怒气来临时变得平和，这样，我们才能有效地避免盲目冲动。

2.不断地设想这件事的好处

如何才能做到冷静思考呢？对此，爱德华·贝德福这样说：“每当我克制不住自己冲动的情绪，想要对某人发火的时候，就强迫自己坐下来，拿出纸和笔，写出某人的好处。每当我完成这个清单时，内心冲动的情绪也就消失了，我能够正确看待这些问题了。这样的做法成为了我工作的习惯，很多次，它都有效地制止了心中的怒火，逐渐，我意识到，如果当初我不顾后果地去发火，那会使我付出惨重的代价。”贝德福有这样的习惯，其实是得益于他早年成长的经历。

◆ 负面情绪，往往会催生一个失败者

有人说：“人的一生就是同消极情绪做斗争的过程。”似乎这句话有点夸张，但是，如果你仔细一想会发现，这话有一定的道理。从另外一个方面说明，克服内心的消极情绪对我们的人生成功具有重要的意义。当然，如果我们总是容易生气，任由“负面情绪”不断膨胀，那么，本来应该成功的我们也有可能会发挥失常，这是相辅相成的道理。

可能，对于大多数足球迷来说，2006年的世界足球杯并不陌生，当时，法国与意大利队进行决赛。在加赛的最后10分钟，由于受到对手的挑衅，法国著名球星齐达内突然情绪失控，用自己的身体冲撞对方的球员，与此同时，他却得到了一张红牌，让自己的足球生涯画上了句号，还导致了法国队的失败。对于我们来说，负面情绪是一个致命的阻碍，尤其当我们即将获得成功的时候，我们会在负面情绪的影响下发挥失常。所以，任何时候，我们应该及时疏导自己的情绪，化解“负面情绪”，这样我们才有可能赢得最后的成功。

1965年9月7日，在美国纽约举行了世界台球冠军争夺赛。当时，闻名世界的台球选手路易斯·福克斯十分得意，胸有成竹，由于自己的成绩遥遥领先于其他选手，只要正常发挥，自己便可登上冠军的宝座。

谁料，就在路易斯·福克斯准备全力以赴拿下整个比赛的时候，却发生了一件令自己意想不到的小事：一只苍蝇落在了主球上。刚开始，路易斯并没有

在意，他只是挥手赶走了苍蝇，然后就俯身准备击球。可是，当路易斯的目光落到了主球上的时候，他发现那只可恶的苍蝇又停留在了主球上，路易斯皱着眉头赶走了苍蝇。这时，细心的观众发现了这一现象，不时发出阵阵笑声，大家都饶有兴趣地看着路易斯的一举一动，路易斯摇了摇头，再次俯身准备击球的时候，那只苍蝇好像故意与自己作对似的，它又落在了主球上。

就这样，路易斯与那只苍蝇一直周旋着，观众的笑声一浪接着一浪，似乎并不是在观看台球比赛，而是看滑稽表演。此时，路易斯的情绪显然恶劣到了极点，当那只苍蝇再次落在主球上的时候，路易斯终于失去了理智和冷静，他气得用球杆去击打苍蝇，却一不小心碰动了主球，对此，裁判判他击球，路易斯因此而失去了一轮的机会。

在这场比赛中，约翰·迪瑞是路易斯的对手，本来，约翰认为自己已经注定了失败，但是，见到路易斯被判击球，约翰不禁信心大增，连连过关。而在台球桌的另一边，路易斯在愤怒情绪的驱使下，连连失利，最后，约翰获得了世界冠军，路易斯失败了。

不过是一只小小的苍蝇，却击败了一个世界冠军，在愤怒情绪趋势下，导致路易斯发挥失常，最终与成功失之交臂。我们在扼腕叹息的同时，不仅为此感到震惊。这就是愤怒情绪积压成“气团”的力量，它可以将我们阻拦在成功大门之外。

情绪启示

在大不列颠战争中，英国故意轰炸了德国的柏林，这一行为使得希特勒非常生气，一气之下，希特勒开始把攻击对象从天空转移到陆地，对各大城市进行大规模的轰炸。然而，轰炸并没有对英国造成重大的损失和人员伤亡。相反，英国很好地利用了这一契机，并重新更新了雷达系统，这样一来，减轻了英国机场的压力。试想，如果当时希特勒能够克制生气的情绪，也许结果会

不同。

1.别让负面情绪干扰内心的宁静

生气就像一只乱飞的苍蝇，让我们内心失去原有的宁静，这样，我们有可能会对问题的判断失准，从而做出一些难以挽回的举动。所以，在生气的时候，要慎重考虑，否则将会带来一些不必要的麻烦，甚至，会导致整个计划的失败。

2.谨慎负面情绪的连锁效应

只要生活在这个世界，我们就会面对许多情绪，情绪似乎主宰了我们的一切，有人这样说："一切争吵都是从情绪开始的，一切纷争都来源于情绪。"其中，生气往往会引起强烈的反应，郁积成"膨胀"的负面情绪，甚至，有可能产生连锁反应，最后导致"火山"爆发。

3.叫停、想一想、再去做

如果生气了该怎么办呢？最好的办法就是让生气的情绪停下来，让"负面情绪"消失，以一种平和的心态追逐成功。如何克制内心的愤怒情绪？对此，心理专家向我们支招："叫停、想一想、再去做，这三个步骤，是避免陷入怒火的最好方法。"

◆ 坏脾气的人，情绪常常失控

脾气，是日常生活中经常碰到的普遍心理现象之一。当然，一个人的脾气有好有坏，有的人脾气坏，遇事冲动，对一些不顺心或自己看不惯的事情，常常容易生气或怄气，经常与人争吵，说出一些使人难堪的话，影响正常人际的交往。相反，脾气好的人，无论到哪里，都会受到欢迎，大家都喜欢与他合

作、共事。有人对此做过一项调查，通过调查发现：绝大多数的青年男女在选择配偶时，都把对方脾气好作为要求条件之一。在一个家庭或小单位里，如果有一两个脾气不好的人，常常会使这个家庭或集体不和谐，另外，坏脾气对我们的身体也有危害，试想，一个动不动就生气的人，他的心脏会经受得住刺激吗？所以，克制自己的情绪，将坏脾气化成挑战力，为自己加油！

从前，有一只坏脾气的乌龟住在水池里，另外有两只大雁经常来水池里喝水，一来二去，坏脾气的乌龟和两只大雁成为了好朋友。

后来，有一年干旱了，水池里的水干涸了。乌龟没有办法生存，只好决定搬家，正巧，两只大雁又飞来了，三个好朋友闲谈了起来，乌龟得知两只大雁将要去南方生活。它心中一动，不如跟着大雁一起去南方生活吧。可是，自己不会飞，怎么办呢？乌龟将自己内心的想法告诉了好朋友大雁，聪明的大雁找来了一根树枝，让乌龟咬着中间，两只大雁各执一端。飞行之前，两只大雁嘱咐乌龟："千万不要说话，一说话就掉下去了。"说完，就扇动翅膀向蓝天飞去了。

大雁飞过了翠绿的田野，飞过了蔚蓝的湖泊，地上的孩子看见了，觉得这个组合很有趣。有孩子拍手笑起来："你们看呀，那只乌龟很滑稽啊。"乌龟本来还洋洋得意，听到孩子这样的嘲笑，心中大怒，想开口责骂那些调皮的孩子，可是，嘴刚一张开，它就掉了下去，碰到了一颗大石头死去了。一只大雁扇动着翅膀，叹气说："坏脾气是多么不好呀。"

坏脾气的乌龟最终因为自己的坏脾气而丢了性命，在现实生活中，我们也常常因为坏脾气而伤了和气，破坏了和谐关系。总而言之，坏脾气不仅令自己苦恼，而且，还会给身边的人带来伤害。一个人的坏脾气，常常与娇生惯养、过分溺爱或得不到家庭的温暖，父母要求过于严厉有关，另外，人生道路的平坦或坎坷，对脾气也会产生重大影响。虽说，一个人的脾气、性格有稳定性的一面，但并不是说其脾气、性格是固定不变的，所以，坏脾气是可以改变的。

试着将坏脾气化做挑战力，努力改变自己的坏脾气。

有一个男孩，很任性，经常对别人发脾气。一天，他的父亲给了他一袋子钉子，并告知他："你每次发脾气时，就钉一颗钉子在后院的围墙上。"第一天，这个男孩发了37次脾气，所以他钉下了37颗钉子，慢慢地，男孩发现节制自己的脾气要比钉一下钉子要容易些，所以，他每天发的脾气的次数就一点点地减少了。

终于有一天，这个男孩能够把持自己的情绪了，不再乱发脾气了。父亲告知他："从现在起，每次你忍住不发脾气的时候，就拔出一颗钉子"，过了很多天，男孩终于将所有的钉子都拔了出来。父亲拉着他的手，来到后院的围墙前，说："孩子，你做得很好，但是现在看看这布满小洞的围墙吧，它再也不可能回复到以前的样子了，你赌气时说的损害别人的话，也会像钉子一样在别人心里留下伤口，不管你事后说了多少对不起，那些伤痕都会永远存在。"

在生活中，每天可能都会发生一些不如意的事情，但是，这并不会成为我们发脾气的借口。当自己想要发脾气的时候，应该做的第一件事是尽量让自己平静下来，以理智的眼光去看问题，思考到底出现了什么事情，而不是乱发脾气，任由坏脾气爆发。

情绪启示

每一次发脾气说出的话语、做出的行为，都像那一个个被钉子钉出的小洞，再也不可能恢复到以前的样子了，那些伤害会像钉子一样在别人心里留下伤口，不管是事后说了多少对不起，那些伤痕将会永远存在。这就是不良情绪给我们身边人带来的最大伤害。

1.看别人不顺眼，是自己修养不够

对于坏脾气的人来说，看到别人总是感觉不顺眼，事实上，心理学家告诉我们：看别人不顺眼，是自己修养不够。一个人的优雅关键在于控制自己的情绪，坏脾气的人习惯于用嘴伤人，实际上这却是最愚蠢的一种行为。对于任何事情，我们都不要任由坏脾气而轻易否定，因为存在即有其合理性。

2.坏脾气，坏处多

现实生活中，许多人在遇到生气或愤怒的时候，经常是脸红脖子粗，恨不得把自己心里所有的消极情绪都发泄出来；一遇到消沉的时候，就一蹶不振，自暴自弃，刻意贬低自己。这几乎是坏脾气的人的一些日常表现，事实上，坏脾气带给我们生活的影响远不止这些。所以，尽可能地克制住自己的激动情绪，让人与人之间的关系变得和谐而自然。学会换位思考，或者直接置身事外，将坏脾气化做挑战力，为自己加油呐喊！

◆ 内心脆弱的人容易被激怒

赛捏卡说：“愤怒犹如坠物，将破碎于它所坠落之处。”容易被激怒是人的一种比较卑贱的素质，而能够受它摆布的往往是那些生活中的弱者，也就是那些内心脆弱的人，比如，儿童、妇女、老人、病人，等等。事实上，在现实生活中我们也常常会看到类似的场面：小孩子因为一点点事情没有顺着他的心，他有可能就会坐在地上或者直接躺在地上，他已经被激怒了；女人因为家中的琐碎小事，就大吵大闹，闹得不可开交；老人发怒的时候，几乎是用颤抖的手指着儿子说：“你这个不孝子”；那些身患重病或者被告知患了绝症的人，他们会在医院里处处与医生护士作对，只要稍不如意，就摔东西，大喊大叫。诸如此类的场面还有很多，纵观这些场景，我们会发现一个有趣的共同点，那就是，似乎那些脾气不好，容易生气的人都是内心脆弱的人，他们可能遭遇过不幸，或许，他们在社会上所被定位的就是“弱者”。对此，心理学家告诉我们：那些易被激怒的人，往往是因为他们比较脆弱。

那么，你是不是一个容易生气的人呢？我们可以做一个小测验，是否自己内心也有着看不见的脆弱呢？

下面几种自然界的水，你会比较喜欢哪一种呢？

A.惊涛骇浪般拍打着岸边的水

B.一望无际，平静辽阔的水

C.从高处骤然落下的瀑布的水

D.急流险滩，强劲奔腾的水

结果分析：

A：这是一个心里有话就藏不住的人，性格直接单纯，常常容易被激怒，容易冲动。在家人和朋友眼中，你是一个喜欢发脾气的人，不仅发泄愤怒的情绪，有时候还会“动武”。不过，坏脾气来得快，去得也快，熟悉你的朋友会知道如何与你相处，但是，陌生的朋友会有可能对你退避三舍。

B：修养较好，包容力强，平时不怎么会发脾气，遇到许多不公平的待遇，通常会一笑了之，似乎对方的怒火反而会满足自己本身的优越感。虽然，不会轻易地生气，但是，遇到自己不喜欢的人，还是会渐渐疏远他，不过，对方会很少感觉到你的敌意。

C：不随便生气，可一旦生气就会天翻地覆，常常让人感到莫名奇妙。在平时生活里，你习惯将那些不满的情绪压抑在内心，很少向人说起，也没有合理的途径发泄出去。这样一来，情绪积压久了，性格就变得十分暴躁，一遇到不如意的事情，怒火就有可能被引燃，甚至，爆发得莫名其妙，歇斯底里。

D：性格阴沉，不随便生气，但是，并不代表脾气相当好，在大多数的时候，是遇到了不如意的事情隐忍不发，却暗自记在心中。对生气也是计划很久，故意让对方犯错，再把对方抓住，细数对方的罪状，对方百口莫辩，令人感到不寒而栗。

这样看来，似乎有三种人容易被激怒：第一，是那些内心十分敏感的人，他们的神经太脆弱，一点点小事就可以刺激到他们。脆弱敏感的人常常容易被激怒，即使有的事情在别人看来是微不足道的，但却总能引起他们的心中的怒火；第二，是那些自认为被轻视的人，他们的内心也是相当的脆弱，对他们来说，来自别人的轻视会令自己怒火中烧，所造成的后果将与伤害一样，甚至是有过之而无不及，因此，轻蔑肯定会激怒他们心中的怒火；第三，是自认为名誉受到伤害的人，内心脆弱的人，他们所担心就是害怕自己名誉受到伤害，对他们来说，确实心中愤怒。

罗宾逊是一个农民的儿子，妈妈在他很小时候就离开了人世，村里的玩伴经常取笑他："你是一个没有妈妈的孩子。"他受不了来自别人的怜悯，感觉那是赤裸裸的取笑，当有人好心地说道："这个孩子真可怜！"罗宾逊就会生气地说："不稀罕你的可怜。"说完，还用充满仇恨地眼睛盯着对方。

有一次，罗宾逊看到了一只蜜蜂在花丛中飞来飞去，就想把它抓住再揪掉它的翅膀。可是，没想到自己很倒霉，不仅没有抓到蜜蜂，反而被蜜蜂蛰了一下，一会儿，蜜蜂飞进了蜂巢，罗宾逊被疼痛激怒了，心想：就连一只小小的蜜蜂都来欺负我，我要让你知道我的厉害。罗宾逊发誓一定要报仇，于是，他找来了一根棍子，朝蜂巢捅了几下，顿时，一群蜜蜂飞了出来，向他扑去，蛰得他浑身上下都是伤痕。

内心脆弱的罗宾逊心中时刻有一团怒火，他见不得别人的怜悯，也不喜欢他人的挑衅。甚至，哪怕是一只小小的蜜蜂蛰了自己，他也会怒气冲冲地想要报复，然而，在怒火的蔓延下，罗宾逊自己却吃了不少苦头。

情绪启示

卡尔多瓦说："人应当有一张用粗绳索编织的荣誉保护网。"对于那些内心脆弱的人来说，似乎更需要一张保护自己的网，在这样心理中，坏情绪成为了他们最常用的一张“网”，或许，他们会觉得，只要自己生气了，就可以占据主动的一方，可以给那些瞧不起自己的人以厉害的一击。所以，坏情绪常常容易出现在他们最脆弱的时候，一旦他们被激怒，由于内心的脆弱，他们会努力在愤怒的同时给对方以蔑视，因为他们不想在愤怒中表现得畏惧，不想泄露内心的脆弱，同时，也是为了避免自己受伤害。当他们在精神上保持自制，那么，相对于其他人来说，自己就占有一定的优势。

1.充实自己内心

一个人在愤怒时要忍住内心的怒火，以免给自己带来一些不必要的麻烦，不应该恶语伤人，尤其是针对具体的人和事的时候，另外，在愤怒时千万不要揭人的伤疤，这样会更让人不可容忍；无论自己的情绪上如何生气，但是，在行动上千万不能不要做出太偏激的事情来。当然，最有效的克制怒火的方法，是不断充实自己的内心，让自己不再脆弱，这样，我们就不会经常被负面情绪包围了。

2.如何对待内心脆弱容易生气的人

要防止那些内心脆弱的人发怒、生气，我们可以借鉴这样两个方法：一是，在谈一件令他愤怒的事情之前，我们要选择恰当的时机，首先给对方良好的印象；二是，设法消除对方因受轻视而感到被侮辱的心结，我们可以将这种伤害归为误解、恐慌、激动，或许我们还能找出其他的原因，尽可能顾及到圣方脆弱的心理。

第3章
小心由情绪引发的生理疾病：小情绪积郁大问题

负面情绪往往给人们的身体带来各种不适，可以说是百病之源。比如，我们常见的脑血管疾病、消化系统疾病等等，都是一些负面情绪所导致的。当一个人长时间被负面情绪所环绕，不仅不会感到幸福，而且身体也会出现各种问题。

◆ 压抑的情绪，会损害自己的健康

每天，我们都可能面临着生活给自己带来的愉快、悲伤、愤怒和恐惧。但是，这样形成的情绪和情感往往是短暂的，哪怕是负面的情绪，痛苦之后，强烈的体验随着刺激的消失而消失了。可是，如果那些焦虑和忧愁长期存在，就会使人惶惶而不可终日，由不良情绪情绪引起的生理变化也久久不能恢复。其实，长期压抑的情绪对人的身体健康是有着很大影响的，紧张忧虑的情绪不仅影响生活的质量，还会给身体带来更大的伤害。

其实，总是压抑自己的情绪，会逐渐影响到你的身体，因为那些长期压抑的情绪比生气更容易伤害自己的身体。抑郁一段时期之后，你会发现身体出现了诸多不适，不仅给自己带来了心理上的疾病，还引起了身体上的疾病，这根本就是得不偿失。所以，当自己产生了一些不良情绪，一定要通过正确的渠道释放出去，舍弃压抑自己的方式，获得心理身体上的双重健康。

小曼最近心情都处于抑郁的阶段，因为她发现以前老把“爱”挂在嘴边的老公有了外遇。刚开始知道这个消息的时候，她就觉得天要塌下来了。自从结婚之后，小曼就辞去了工作在家里相夫教子，把重心也放到了孩子身上，忽视了打扮、学习，也忽略了老公的感情，自己成了黄脸婆。

之后，她的心情就一直很压抑很低落，对未来生活没有希望和期盼，很迷茫。她觉得完全失去了生活的勇气了，天天跟自己在一起的老公都可以背叛自己，那还有什么值得依靠呢？前些日子，她突然觉得烦躁不安，手心出汗，浑身不自在，什么也听不进去看不进去，有点崩溃的状态。好朋友来看她，小曼也不好意思把真相告诉朋友，觉得这是家丑。她也试着跟老公谈了一次话，可老公满脸愧疚地说没有打算跟自己离婚，可是他又牵挂着其他的女人，小曼觉得自己实际上是守着一个空壳过日子，她不想去过问他的行踪，可想着老公和其他的女人在一起，她也觉得不宽心。

前两天去医院例行检查，却发现自己患上了慢性浅表性胃炎，难道这就是守住婚姻的代价吗？小曼心情糟透了，精力严重透支，她也不知道自己该怎么办？

小曼一直压抑自己的情绪，使那些恶劣的情绪已经影响到了自己的身体，也破坏了生活的质量。其实，她大可以跟老公吵一架，选择干脆地离婚，但她并没有这样做，既没有做出实质性的动作，只想守着自己的婚姻。最终因为不良情绪压抑得太久患上了疾病，给自己身体带来了严重的伤害。也不少人都觉得自己与家人的相处比较压抑，自己即便是对他有什么不满，总是强忍着，告诉自己不要跟他计较，尽量不生气，但是，这样的情绪压抑久了，你难保自己不会做出一些冲动的行为出来。所以，对于那些不良的情绪，要舍弃压抑的方式，选择通过正确地渠道来释放，这样才有益于身心健康。

情绪启示

众所周知，女性普遍比男性的寿命更长，除了职业、生理、激素、心理等各方面的优势条件之外，女性喜欢哭泣也是一个重要的因素。因为哭泣对于女性来说，这是一个释放不良情绪的渠道。哭泣之后，在情绪强度上就会减低40%，如果不能利用眼泪把情绪压力释放了，就会影响到身体的健康。

1.强忍的眼泪等于自杀

强忍着眼泪就等于“自杀”，可是，哭泣的时间不宜超过15分钟，否则也会对身体有伤害。当然，眼泪并不是唯一释放情绪的途径，尤其是对于许多男性来说。这不得不让人想起来了今年冬天的流行语“你今天偷菜了吗”，如果见面不说“偷”，就好像自己不前卫不时髦跟不上时代步伐一样。其实，除去了“偷菜”本身所具备的娱乐性质之外，它之所以能风靡于网络，还源于对压抑情绪的释放。当许多上班族忙碌了一天，总希望能通过一件愉快的事情来释放自己压抑的情绪，而“偷菜”就成了一个巧妙的出口。可能，偷菜并不是全民释放情绪的方式，不同的人会选择不同的途径去释放自己的不良情绪。

2.通过合理且正常的途径发泄情绪

可能有人觉得，既然不压抑自己的情绪，那就随处释放，不管是同事还是朋友，一股脑儿向对方发泄。压抑的情绪是需要释放，但前提是通过正确地渠道，而不是无所顾忌地就随处释放出来。也许，不同的人会选择不同的释放渠道。有的人喜欢运动，有的人喜欢通过参加休闲活动来放松心情，有的人喜欢听歌看小说，有的人选择睡个好觉。其实，无论是哪种途径，只要能顺利地释放不良情绪，都是值得采纳的。因此，面对不良情绪，舍弃压抑的方式，选择正确的释放渠道，保持自己身心健康的状态。

◆ 呵护心理，避免心理疾病的侵扰

随着生活节奏越来越快，来自社会各方面的压力也越来越大，由此而引发的各种心理疾病也层出不穷。在最开始的时候，人们并没有意识到心理疾病带来了的危害性，他们只重视身体上看得见的健康，而忽略了心理健康问题。实际上，比起身体上的健康，心理上的疾病对身体的伤害更严重。一般来说，身体上的疾病是可以治愈的，而心理上的疾病却难以医治，一旦陷入了某种心理上的疾病，就会直接影响到你的工作生活和学习。所以，作为每一个生活在激烈竞争的人来说，学会呵护自己的心理健康，不要让心理疾病侵扰你，这对于保障未来的事业生活都是极大的帮助。

许多人都有这样的问题，心理上的压力很大，却又得不到释放，这主要是来自生活社会的种种压力。而且，随着社会竞争越来越激烈，这样的压力会越来越大，几乎到了崩溃的边缘。近年来，因为承受不了生存的压力而选择自杀的人不在少数，究其原因就是心理疾病的困扰，更有甚者为此患上了抑郁症，失去了生活的勇气。因此，在现实生活中，我们不要忽视心理上的健康，只有保持身心健康才能扬起生活的风帆，走向人生的成功之路。

“老师承受的心理压力实在太大了！”这是现代老师喊出的肺腑之言。

有一次考试结束后，章老师将一份全年级化学小测班级平均分的排名拿给与自己同场监考的王老师看。王老师所带班级的化学成绩一直不是很理想，这次小测，他所教班级平均分不仅是最末，还比以前略有下降。第二场考试开始了，王老师叹着气与章老师走进考场。刚发完试卷，教室里突然传出一个男性的歌声。“谁啊？”安静的教室里顿时炸开了锅，章老师和同学们一起搜寻那个破坏考试秩序的人。然而，师生们惊奇地发现，唱歌的居然是王老师。

王老师的行为让大家觉得既奇怪又好笑，随后有同学大声叫“老师，别唱了”，章老师也把王老师拉到一边，劝他别唱了。可是，王老师似乎听不见任何人说话，依旧唱个不停。章老师急忙向校领导报告，并找来医生进行诊断。医生表示，王老师受了不良刺激，心理压力太大引发失控行为。

而同事某女老师也发生了类似的状况，“我教学能力这么强，人又长得漂亮，为什么你领导不重用我？”在办公室里，老师们忙着备课批改作业，某女老师突然蹦出这么一句话，让同事们感到莫名其妙。有老师说，每次考试结束，校领导把全区其他学校的成绩领回来比较的时候，那个女老师都十分紧张，然后就吃不下饭了。有时候能看见她在操场上走着，都会说胡话。

在以前，大家都会认为教师这个职业是一个比较轻松的职业。但近年来，一些社会舆论认为学生学不好，责任在于老师，因而老师所承受的压力非常大。而且，随着这些年一来进行大规模的课改，教材更新，一些老师尤其是年纪较大的老师已经感觉到“力不从心”，适应不过来，加上自身心理调适能力较弱，就会产生心理问题或者心理疾病。

情绪启示

由于现代人普遍工作节奏快、竞争激烈、心理压力大，抑郁、焦虑和强迫已成为人们主要心理疾病。为此，专家呼吁，应加强对自身心理健康的关注和重视力度，建议人们每年做一次“心理体检”，把心理疾病危害程度降到最低。所以，面对心理疾病，要舍弃听之任之，要进行及时地疏导，进行心理上的调节，必要时可以向心理专家进行咨询，以此保持自己心理上的健康。

1.小心情绪会转换为心理疾病

据调查，现代人中产生心理问题和疾病的人群急剧增加，患精神疾病的人数几乎超过了心血管病，跃居疾病患者的首位。社会各阶层的人士都有着心理上的困扰，如果不及时调节，久而久之就会形成一种心理疾病。

2.注重心理健康

都市白领会在紧张的工作下患上心理疾病，焦虑不安、抑郁症、精神障碍等等心理问题和疾病；对于产生在高发离婚率之下的人士遭受了情感的挫折，他们也会或多或少地产生心理疾病；贫困家庭难以承受压力的超负荷，生活和工作的双重压力极有可能导致心理疾病；商界精英面对事业受挫，其心理因失败的打击长期处于一种失衡状态中，又不能自我调节，极有可能诱发精神障碍、抑郁症、自闭症等心理疾病。

事实上，一些竞争比较激烈、所担负重大责任的行业里，也会出现一些被心理疾病所困扰的人士。因此，心理健康不容我们任何一个人去忽视它，心理上的健康与身体上的健康一样重要。

◆ 负面情绪将危害人的身体健康

卡耐基曾说：“一个损失了健康的人，就算他赢得全世界，也不能算作真正的成功人士。即使他拥有全世界，每晚也只能占据一张床，一日也只能享用三餐。哪怕一个挖水沟的人，甚至还可以睡得更安稳，吃得更香，我宁愿做一个普通的农夫，闲来能够悠然弹奏五弦琴，也不愿意作为企业家，45岁不到就因为忙于管理而自毁健康。”现代人越来越焦虑，在内心里隐藏着一种恐惧，既担心自己的生存状况，又惧怕生老病死，其实，这就是典型的负面情绪。

他是美国棒球名将，他曾遭受压力的困扰，后来，他摆脱了焦虑症，停止了没有理由的恐惧，使他变得既长寿又健康。

他这样回忆道：“刚开始打棒球的时候，根本没有钱可挣，而且，常常被空罐子或马具绊倒，等到球赛结束了，我们就用空帽子向观众收点小费，以供奉母亲，养育幼小的弟弟妹妹，那点钱是绝对不够的，有的球队就只靠草莓充饥。各种压力令我感到焦虑，我是唯一连续7年末位的棒球队经理，也是8年里唯一输过800场棒球队的经理。以前一连串的挫败令我焦虑到不吃不喝，但是，后来，我决定不再焦虑了，如果不是当时就停止忧虑，我早就躺在棺材里了。”

在受压力困扰的日子里，他发现压力对自己毫无益处，只会危害自己的事业，而且，还会危害自己的健康。后来，他逐渐发现了克服焦虑和恐惧的方法：忙着为未来赢球作策划，没有时间去焦虑和恐惧已经输了的球局；绝不在球赛结束后24小时内批评球员的失误。

原来，他以前总是叫球员来训话，后来，他逐渐发现，如果已经输了球，责备和争论都没有意义了，只会增加自己的焦虑和恐惧。于是，他决定输球之后，绝不马上去看球员，要到第二天才跟大家讨论失败的原因，这样到了第二天，他已经很平静了，这样看来那些失误好像没有那么严重，他可以冷静地讨论。这样过了一段时间，他发现内心的焦虑和恐惧已经慢慢消退了。甚至，他认为，自己长寿的秘诀就是“停止焦虑和恐惧”。

焦虑和恐惧这样的负能量所给我们生活所造成的影响是不容忽视的，焦虑对我们毫无益处，只会危害自己的生活和事业，而且，还会危害自己的健康。与其花费大量的精力和心思去焦虑和恐惧，不如好好经营自己的生活，把精力和心思转移到生活上来，这样，自然而然就摆脱了焦虑和恐惧，从而获得一种轻松而美好的生活。

何谓闷气？它是由于心中郁闷，而憋在心里的气，是一种无奈、没办法的表现。古人曰：“百病之生于气也。”常言道“怒伤肝，忧伤肺”，那些郁积在心中的不愉快情绪使内脏活动紊乱、内分泌系统失常，胃口不佳、消化不良，而且，长时间的烦闷还会导致血压升高，甚至导致冠心病。另外，从心理学上说，生闷气是一种不愉快的情感体验，它是一种消极的，甚至，会破坏正常的情绪反映。一个人若是情绪恶劣，其记忆力将会减退，思维能力也大受影响，同时，喜欢生闷气还会影响到一个人的正常人际交往。

有时候，我们根本没有想过身体的疾病会跟负能量有关，事实上，郁积在心中的负能量常常会成为我们身体疾病的根源。一位喜欢被负面情绪所困扰的人说："我感觉很孤单，很堕落，心中像压了一大块沉重的石头，压得我快喘不过气来，什么时候才能将这块石头溶化，它憋在我心里，憋得我快要疯了。"现代社会竞争激烈，工作和生活压力都非常大，这不仅影响家庭关系、同事关系、朋友关系，如果自己不能妥善处理这样一些矛盾，那些不断膨胀的负能量就会危及我们的身体健康。

情绪启示

卡耐基认为，负面情绪，诸如焦虑和恐惧是现代社会普遍存在的心理疾病，它源于工作压力、人际关系、经济问题、孤独以及交通阻塞。每天，我们都饱受着生活压力的困扰，可能或多或少都有焦虑恐惧的经历，然而，可能许多人都没有意识到，长期的焦虑会引起抑郁症，这是一种病态的心理，不会给我们的健康带来损害，而且，还会感染到身边的人。

◆ 忧虑是健康的大敌

情绪是生命的指挥棒，更是健康的寒暑表，正所谓"笑一笑十年少，愁一愁白了头"这绝对不是空穴来风的俗语。在现代社会中，越来越多的现代人正在用他们自身的实际案例诠释着情绪与健康的紧密联系。可以毫不夸张地说，坏情绪是颠覆健康的定时炸弹。愉悦的心情，会让人们心境开朗，工作生活一切都顺顺利利；而饱受嫉妒、孤独、抱怨、愤怒等一系列糟糕的坏情绪侵蚀的人，经常难以进入洒脱豁达的境界。而且这些可怕的坏情绪，还是颠覆健康的恶魔，它们会让原本自信的人心理失衡、身体虚弱，诱发各种身体疾病。假如我们想要掌握生命的主动权，就一定要“扼杀”潜藏在体内的不良情绪。

葛伯是圣太菲铁路公司的医药主管，其正式职称是海湾区，科罗拉多州和圣太菲医院协会的首席医师。作为医生，葛伯经常会接触到一些因忧虑而引起身体疾病的患者。他解释说：“其实，到医院看病的人中绝大多数只要想办法消除内心的忧虑和恐惧，他的病自然会痊愈。当然，他们的病并不是不存在的，实际上，他们的病是因忧虑而导致的身体疾病，有时候甚至比牙疼还要严重，诸如一些神经性消化不良、某些胃溃疡、心律不齐、失眠、头痛，以及某些麻痹症等，都是因忧虑和恐惧引起的。比如胃溃疡是怎么形成的？恐惧会令人忧虑，忧虑使人紧张，最后影响到人的胃部神经、胃液分泌紊乱，最终引起胃溃疡。事实上，我本人就是最好的真实案例，我已经被胃溃疡折磨长达12年之久了。”

曾获得诺贝尔医学家的艾利克斯·柯瑞尔博士曾说：“不会应对忧虑的商人，大多数会英年早逝。”然而，在日常生活中，并没有太多的人关注这个问题。可以说，医生在这方面是最有发言权的，而且他们的观点是不谋而合的。食物不会引起胃溃疡，那些折磨人的忧虑才会引起胃溃疡。

在美国南北战争即将结束的那段时期，大卫将军亲身经历了一些故事。

当时格兰特将军率领的军队围攻里士满已经长达九个多月，守卫里士满的李将军所带领的整个军队士气涣散，身心疲惫，士兵们几乎到了衣衫褴褛、食不果腹的地步。有些士兵开始痛苦地在帐篷里开祈祷会，甚至有的士兵看到了种种幻象。士兵们都意识到战争快要结束了，他们开始放火烧毁里士满城里的棉花及烟草仓库、军火库，然后趁着烟雾升腾之时连夜弃城逃跑。格兰特将军乘胜追击，分别从左右两侧和后方夹击南部联军，命令骑兵队阻绝补给线。

由于剧烈头痛而眼睛半瞎的格兰特将军无法跟随大部队，就在一家农舍住了下来。他在那里度过了一个夜晚，将双脚泡在加了芥末的冷水里，而且还将芥末药膏贴在自己的两个手腕和后颈上，希望第二天早上起来就不会头疼了。当然，只有格兰特明白，自己是因为忧虑、紧张和不安才引发的疾病。

第二天早上，一个骑兵带来了一封南方军队将领——李将军的投降信，格兰特就马上恢复了健康，这当然不是芥末的功劳。事实上，直到那位送信的骑兵达到农舍时，格兰特依然感觉头疼。然而，就在他看完信，想到即将到来的胜利，他的病马上就不治而愈了。

情绪启示

究竟是什么导致了人们情绪上的疾病？我们无从知晓全部答案。不过，大部分的情绪疾病是源于内心的恐惧和忧虑。一个人内心的焦急和烦躁大多数无法适应现实社会，他们逐渐逃避周围的环境，将自己封闭到一个人的世界里。结果，在自我幻想的小天地里，他们备受忧虑的困扰。

1.忧虑是健康最大的敌人

爱德华·波德斯基医生的《除忧去病》，：忧虑对心脏的影响；忧虑会诱发高血压；忧虑可能会导致风湿症；忧虑可能会导致胃溃疡；忧虑容易引起感冒；忧虑可以导致甲状腺疾病；忧虑可以导致糖尿病。

2.忧虑甚至会导致关节炎

或许，没有人会相信，焦虑还能使人患上风湿病、关节炎，甚至使人以轮椅代步。对此，作为世界著名的关节炎治疗权威，康乃尔大学医学院的罗素·西基尔（Russell L. Cecil）博士就指出四种最容易患关节炎的情况：第一，婚姻破裂；第二，财富危机；第三，孤独和忧虑；第四，无法消除的积怨。

◆ 喜欢生气的人更容易患病

坏情绪不仅诱发乳腺癌，而且是各种癌症的温床。只是对于女人而言，坏情绪更容易诱发乳腺癌。一个人总有七情“喜怒忧思悲恐惊”，而喜悦的情绪会让人身心健康，而愤怒和忧虑对身体都会有不同程度的伤害。据专家介绍，乳腺癌的高发年龄应该是45~55岁，但近几年，20多岁的乳腺癌患者却不少见，其中很多都是职场女性，分析其高发诱因大致有三点，其中有一个重要原因就是情绪所导致的。“心”是情绪的主宰，它统领着人的喜、怒、忧、思、悲、恐、惊七种情绪。在生活中，每个人的身体里，都有一张关于情绪的图，如悲伤、失望、忧郁、痛苦、憎恶、恐惧等，这些都是异常的情绪表现，并且都可能因为宣泄不畅而化作心火，影响女人的身体健康。

也许，我们平时也会注意到，当别人的情绪发生变化带来心理变化的时候，总会伴随着一系列生理变化的发生。比如，当一个人害怕的时候，他的瞳孔变大、口渴、出汗、脸色发白；当一个人处于情绪低落的时候，他会越来越厌恶自己，觉得穿什么衣服、怎么打扮都不顺心。

好莱坞女明星安妮拒绝被忧虑侵蚀，因为她认为忧虑会摧毁自己的美貌，以致毁掉自己的演艺事业。

安妮刚步入影坛时，既忧虑又恐惧，那时她才从印度回来，在伦敦举目无亲。她开始慢慢见了一些制片人，不过都被婉拒了，而她仅有的积蓄也即将要用光了。有一阵子，她仅靠着一点饼干和水充饥，整整捱过了两个星期。当时她所感受到的不仅是肉体的饥饿感，还有内心的恐惧感。

她站在镜子面前，对自己说：“你这个傻瓜，你除了有一张漂亮的脸蛋，还有什么呢？像你这样毫无经验，没演过戏的永远只能徘徊在电影的大门之外。”不过，当她认真地观察镜子里的自己，竟然发现自己开始苍老了，眼角有了皱纹，一脸的忧愁。难道忧虑已经在摧毁我的容貌了？于是，安妮对自己说：“你现在必须停止忧虑，你剩下的唯一资本就是容貌了，如果继续忧虑，总有一天美丽容貌也没有了。”

对女人而言，没有什么比忧虑更能加速女人的苍老，因为忧虑可以摧毁女人的容貌。当一个人满脸忧虑，愁眉苦脸，不仅表情丑陋，而且会使人咬紧牙关，脸上也会出现皱纹。严重者会加速头发变白，甚至脱落。

王女士在一家外企公司工作，经过几年的打拼，她现在担任了公司的重要职务。可是，在前不久公司来了一位年轻的同事小娜，小娜浑身洋溢着活力和干劲，并在很短的时间内就得到了公司上下的肯定。王女士逐渐感觉到小娜的到来对自己所造成的严重威胁，似乎老板总是有意无意地在王女士面前提到小娜的能力，这让王女士的心情一度低落，同时，心里还憋着一肚子怨气。在这样的情绪状态下，王女士不能全身心工作，有时候，由于焦虑过度，还会在工作中犯些小错误。

或许，是因为工作上的不顺心，自己的身体健康也出现了问题。在最近的一段时间里，王女士总感觉到自己的右侧乳房胀痛，前两天用手一摸还有肿块。在医院，医生为王女士做了相关检查，经过检查得知，原来自己是患了乳腺小叶增生。王女士感到十分苦闷，那些不顺心的事情总是找上门。王女士向主治医生倾诉了自己的烦恼，医生奉劝道：“首先，你莫要生气，这样对你的疾病才会有帮助。”

王女士百思不得其解，这病怎么会跟生气有关呢？医生对此做了详细解释：“其实，引起这种疾病的原因很多，但主要是内分泌失调或情绪有密切关系，其中，一个重要的因素是情绪不稳定、精神紧张、容易生气。当你的情绪总是处于怒、愁、忧等不良情绪状态时，就会导致乳腺小叶增生。”王女士明白了，向医生询问：“可是，我该怎么办呢？”医生建议：“保持心情舒畅、乐观是最好的办法。你要学会自我调节、缓解心理压力，消除各种不良情绪，要学会宣泄，不要将气郁积在心里，可以向家人、朋友倾诉，以排解心理压力。”

生气对于身体健康来说，有一定的危害。古人曰：“百病之生于气也。”常言道“怒伤肝，忧伤肺”，那些郁积在心中的不愉快情绪使内脏活动紊乱、内分泌系统失常，胃口不佳、消化不良，而且，长时间的烦闷还会导致血压升高，甚至导致冠心病。另外，从心理学上说，生气是一种不愉快的情感体验，它是一种消极的，甚至，会破坏正常的情绪反映。一个人若是情绪恶劣，其记忆力将会减退，思维能力也大受影响，同时，喜欢生气还会影响到一个人的正常人际交往。

美国研究人员实验研究发现，精神压力会造成细胞和乳房组织的改变，这增加了女性患乳腺增生或乳腺癌的风险。而因为压力过大，就会经常出现坏情绪。女性压力过大、精神总紧张都会使身体的内分泌紊乱，同时女性性格也是一个关键的因素，过于内向，凡事闷在心里的女性，或者脾气过于急躁，易怒的女性也同样会干扰到内分泌系统，增加患乳腺癌的概率。

情绪启示

医学专家明确指出：不同的坏情绪对应着不同的生理变化和身体疾病，坏情绪如同埋在身体里的一颗不定时炸弹，随时可能颠覆健康。尽管吸烟、酗酒、饮食不当会危害健康，不过其实，不良情绪对人体健康的影响更严重。相关统计显示，健康和长寿有20%来源于遗传因素，25%来自周围环境的影响，5%来自医疗条件，其余的50%完全掌握在自己手中。也就是说，我们的健康有50%是由自己的精神状态和选择的生活方式及习惯决定的。从现代医学研究发现：各种疾病中，有70%的病属于身心疾病，也就是说和人的心理情绪有直接关系。

1.不要为明天而忧虑

威廉·奥斯勒博士曾说："生活在独立的方格中，不要为明天忧虑，只需要珍惜今天。"假如你真的这样做了，那就可以避免忧虑。"不会应付忧虑的人大多数会英年早逝"，所以经常告诉自己，忧虑会损害自己的健康。

2.尝试卡耐基的魔法方程式

如果你不希望生活中那些烦恼困扰自己，那可以试试卡耐基的魔法方程式。首先，问自己，假如我无法解决自己的问题，那所能造成的最糟糕的情况是什么？其次，假如有必要的话，自己需要坦然接受最糟糕的情况，即便它没有发生；最后，既然你已经接受了最糟糕的情况，那就静下心来思考解决问题的方法。

第4章
将爱捣蛋的负面能量释放出去：忍得住的人生不后悔

成功大师卡耐基认同一句话："如果你背后有阴影，别担心，那是因为你前面有阳光。"事实上，在这个世界上，那绚丽多彩的阳光分布从来都是不均匀的，在许多不为人知的角落，或许只有阴影和阵阵寒意。只要我们忍得住脾气，那些喜欢捣蛋的负面能量就会消停。

◆ 情商高的人不生气只求心静

在生活中，那些情商高的人，往往会选择"心静"，而不是生气。在这里，塑造良好的心态，努力克制自己的情绪。情商，其实就是情绪智力，主要是指人在情绪、情感、意志、耐受挫折等方面的品质。生气，从来都不是情商高人的选择，他们只会努力修炼自己的心境，塑造积极乐观的心态，让自己经得起怨气的挑逗。

薛尔德太太住在密歇根州沙支那城，她以前是靠推销《世界百科全书》之类的书籍生活，后来因为有了自己的家庭便辞去了工作，那时候日子虽然不富足但是也过得很安乐。但是很快，她安逸的生活就陷入了苦难。在1937年，她的丈夫死了，她自己几乎身无分文，这令她非常恐慌。那段时间，她的精神极度颓废、崩溃，甚至差点自杀。后来，她给以前的老板奥罗区先生写信，请求他能让薛尔德太太做回以前的工作。于是，她四处借钱凑足了分期付款的钱买了一辆旧车，她又开始重新推销那些书籍为生。

薛尔德太太希望能够通过繁忙的工作来抵消自己的颓废和不安，可是她很快发现不行。毕竟她的丈夫已经不在了，只有她一个人驾车，一个人做饭吃，一个人生活，这所有的一切都令她无法承受。而她的工作也带给自己一些困扰，有些地方根本就卖不出去书，所有业绩不太好，虽然她买车的钱不是很多，但是对于她来说还是很难凑齐。她整天觉得心情很沮丧，对生活也没有什么希望，她甚至绝望得差点自杀。

有一天，她读到了一篇文章，这是那篇文章中的一句话让她活了下来："对一个聪明人来说，每天都是一个新人生。"这句话令她精神振奋，于是，她把这句话打印出来，贴在汽车前面的挡风玻璃上，为了就是自己开车的时候就能随时看见它。薛尔德太太发现每次只活一天一点都不难。就这样，她摆脱了孤寂和恐慌，她觉得很幸福，工作业绩也上去了。

遭遇生活的打击之后，薛尔德太太每天都生气，她精神极度颓废、崩溃，甚至差点自杀。后来，虽然找到了工作，但失去丈夫的她还尚未从打击中恢复过来，她依然觉得生活毫无希望，每天心情很沮丧，对生活也没什么希望，甚至绝望得差点自杀。直到她读到了"对一个聪明人来说，每天都是一个新人生"，这句话给了她新生的力量，她不再生气，而是意气风发地工作、生活，她逐渐感受到那种久违的幸福。而在这个过程中，薛尔德太太逐渐从一个低情商女人成为了一个高情商女人，在最后，她所拥有的是积极乐观的心态，以及较高的情绪控制能力。

从前，有一位禅师，他十分喜爱兰花，在平日讲经之余，禅师花费了许多时间来栽种兰花，弟子们都知道禅师把兰花当成了自己生命的一部分。

有一次，禅师要外出云游一段时间，在临行前，禅师特意交代弟子："要好好照顾寺院里的兰花。”在禅师云游的这一段时间里，弟子们都很细心地照料着兰花，但是，有一天，一位弟子在浇水时不小心将兰花架碰到了，于是，所有的兰花盆都跌碎了，兰花也撒了满地。弟子感到十分恐慌，并决定等禅师回来后，向禅师赔罪。

过了一段时间，禅师云游归来，听说了这件事，便立即召集了所有的弟子们，非但没有对那位弟子责怪，反而安慰道：“我种兰花，一是希望用来供佛，二是为了美化寺院环境，不是为了生气而种兰花的。”

禅师喜欢兰花，是一种情感的自然释放，并不是为了斗气而种兰花的。哪怕自己辛苦培植的兰花被弟子弄坏了，但自己所铸就的却是良好的心态。所以，在得知自己的兰花已经被损坏后，禅师不仅不生气，反而安慰弟子，希望以此减少弟子内心的愧疚感。

情绪启示

所谓的高情商，其实就是聪明的另外一种说法，但这并不是智力上的聪明，而是人们生活能力，比如如何为人处世、控制自己、控制情绪，是否关心别人以及是否能有效地激励自己。高情商是人们的协调者、创造者，是幸福生活的推动者。

1.把每一天当作新的一天

高情商的人们，他们把每一天都会当成新的一天，当他们这样想的时候，他们已经精神百倍地去开始新的生活了。生活中无论发生了了什么样的事情，他们从来都不生气，因为在他们看来，每天早上醒来，能够自由地呼吸，能够灿烂地微笑，那就是一种幸运。

2.打开心灵的另一扇窗户

其实，人生就是这样，它注定就是一条充满曲折、困难的路，或许，烦恼无所不在，但是，面对这样一些事情，我们能够尝试着打开心灵的另一扇窗户，以一种积极、乐观的心态去面对，你会发现，所谓的烦恼根本不存在。

◆ 斩草要除根，找出坏情绪的根源

有人说："经常性的坏情绪就好像不断地感冒一样，会很严重地影响自己工作时的表现。"尽管，在斗气的时候，每个人都会意识到这是愚蠢的行为，会严重影响自己的生活和工作，但心中的那团怒火却越烧越旺，难以浇灭。实际上，当怒火攻心的时候，我们应该试着平静下来，找到坏情绪的根源，然后斩草除根，将怒火扼杀在萌芽状态。权威的心理学家也表示：破解坏情绪的关键是，一定要找到生气的根源在哪里。

心理学家讲述了病人的一个案例：

那天，一位貌似大学生样子的女孩走进了我的心理咨询室，刚一坐下，她就开始向我"控诉"："前两天我正在准备一次重要的考试，可是，就在前天晚上，隔壁王阿姨带着一对双胞胎女儿来串门，我暗示王阿姨说，我明天要考试，需要安静的环境。但是，妈妈特别喜欢那对双胞胎，极力挽留王阿姨再玩一会，小孩子很顽皮，我本来想静下心来好好复习功课，结果她们在外面嘻嘻哈哈，我一点也看不进去，愤怒之余，内心感到一种委屈，不禁趴在桌上大哭了一场。这时，又想起之前的种种不顺利的事情，结果越哭越伤心，几乎是整个晚上都在哭，第二天感觉晕乎乎的，只得昏昏沉沉地去考试，当然，这次考试很不理想。"

我听完了她的讲述，明白了这是怎么回事，我慢慢帮助她解开生气的源头："这样看来，你似乎挺喜欢生气的，从你刚才的讲述中，我可以知道，你其实有自己的房间，一开始，你也可以告诉两个孩子别闹，说这样会影响自己学习，这样就可以互不干扰了。后来，你在屋子里复习功课，其实，不知道你发现没有，真正扰乱你心绪的并不是小孩待在家里所发出的声音，而是你内心对于这件事一直耿耿于怀，由于你心里太在乎这件事情，只要意识到小孩的存在，就会感到心烦意乱，更不用说她们真正地来影响你了。”听了我的话，她点点头，说道：“嗯，我感到十分委屈，每次我遇到了重要的事情，总是被别人影响，这样，白白浪费了我的许多时间和精力。”

看着她那痛苦而又无奈的表情，我试着用理解的口吻说道：“你不要着急，其实，你应该清楚自己为什么总是那么容易生气，主要是你以前处理问题的方式不对。每个人的生活并不可能一帆风顺，总是会遇到这样或那样的麻烦，但是，如果这些问题没有得到及时解决，往往会产生较坏的影响。时间长了，在你心中就形成了这样一种思维定势：一旦遇上问题，就会采取消极的反应方式，诸如发脾气、斗气等等，于是，生气就成为了你固定的条件反应。其实，任何事情都是可以解决的，只要你积极地思考，遇到事情不要总是闹情绪或生气，你可以试着平静下来，或者向值得信任的朋友倾诉一番，这样，你的心里就会豁然开朗了。”当她走出我的心理咨询室的时候，我清楚地看见洋溢在她脸上的笑容。

如果在熊熊大火燃烧起来之前，我们能够及时地找到火源，并将其彻底地浇灭，使之不再复燃。那我们易怒的情绪就很容易恢复到平静的状态，这对于我们的工作和生活也是很有益的。反之，如果坏情绪的根源不被彻底清除，就会变成我们成功路上的绊脚石，有时候，我们之所以失败了，并不是因为缺少机会，或者能力不足，而是坏情绪的根源成为了最大的绊脚石。

情绪启示

心理学家认为，一个人心中的坏情绪是一点点郁积起来的，或许，在刚开始，我们的心情只是稍微有点不愉快，但是，如果这时候再遇到一系列令人头疼的事情，这样的情绪就会升温，火势开始迅速蔓延开了，最终所形成的结果无疑于“火山爆发”。一旦我们对愤怒的情绪失去了控制，同时我们也会失去了理智，自然也就很容易错过成功的机会，甚至做出一些错误的判断，下一些错误的指令。所以，在愤怒情绪即将爆发之前，我们应该想办法及时地彻底清除生气的根源。

1.坏兴趣的根源往往是小事情

虽然，在生气的时候，恶劣的情绪会从心中不断地涌现出来，它们如同火山下喷涌的岩浆，不断加温、加热，以致在最后的时刻爆发出来。不过，如果我们追根究底，却往往那些可以不断地积累怨气的只是一件微不足道的小事情，由小积大，最终成为我们坏情绪的根源。对此，当我们弄清楚了生气的根源之后，就只需要找到合适的办法就可以了。

2.彻底浇灭坏情绪的根源

我们明白：阻碍大火向四处蔓延的唯一有效方法是，彻底消灭火源。到底什么才是那大火的引燃物？自己生气的根源到底是什么？毕竟，在这个世界上，没有无缘无故的生气。

◆ 心如止水，经得起坏情绪的挑逗

在酷热炎暑之时，白居易拜访得道高僧恒寂大师，却见禅师安静地坐在密闭如蒸笼的禅房内，并不像其他人那样汗如雨下。对此，白居易很受震动，作诗曰：“人人避暑走如狂，独有禅师不出房；非是禅房无热到，为人心静身即凉。”禅师的心境已经变得如水一样的屏障，无论面对酷暑，还是不如意的事情，他都安静地坐着，任何坏情绪似乎都感染不到他，这才是真正虚怀若谷的境界。辽阔的大海，平静的水面一望无垠，若是向大海里投入石头，无论多大，似乎都激不起半点浪花，它还是那么平静，这就是大海的心境。同样的道理，对于一个人来说，要想自己能够克制内心的坏情绪，我们需要大海一样宽阔的心境。

白隐是一位修行很深的禅师，不管面对他人的什么评价，他不过是淡淡地说一句："就是这样的吗？"

在白隐禅师居住的寺院旁边，住着一对夫妇，他们有一个漂亮的女儿。有一段时间，夫妇俩发现自己女儿的肚子大了起来，像这种见不得人的事情，怎么会发生在自己家里呢？夫妇俩十分生气，他们严厉逼问自己的女儿："到底是谁的孩子？"女儿在父母的再三追问之下，终于吞吞吐吐地说出了"白隐"两个字。夫妇俩听了，马上怒不可遏地去找白隐理论，白隐大师听了，不说话，既不为自己辩护，也不生气，只是心平气和地说："就是这样的吗？"于是，那个孩子生下来了后，夫妇俩就将孩子抱给了白隐，使白隐禅师的名誉扫地，但是，白隐并不生气，他的内心似乎就像平静的湖面，已经激不起半点浪花。每天，白隐都会细心照料那个孩子，有时候，他向邻居乞求婴儿所需要的奶水和其他生活用品，都会遭到邻居的白眼，甚至是冷嘲热讽，但是，白隐大师依然处之泰然，仿佛自己是自己的孩子一样。

一年过去了，夫妇俩的女儿还没有结婚，她终于不忍心再欺骗下去了。有一天，她向父母吐露了实情：白隐不是孩子的父亲，孩子的生父是住在同一栋楼的一位青年。夫妇俩立即将女儿带到白隐那里，向他道歉，请他原谅，并将孩子带回家。白隐依然平静如水，只是在交回孩子的时候，他轻声说道："就是这样的吗？"仿佛什么都不曾发生过一样，即使有，也像那波光盈盈的水面，微风吹过，又回归了平静。

古人曰："无故加之而不怒，猝然临之而不惊。"在生活中，无论我们遭遇了怎么样的指责和非难，我们都应该像白隐大师一样，随时保持心里的平静，经得住怒火的挑逗，任何事情总会显露出它本来真实的面目，我们所需要做的就是等待。而且，时间过去，怒火也平息了，好似从来不曾发生过什么一样。在我们身边，经常会发现这样或那样的误会，有时候就是小事一桩，时间长了我们也就忘记了，何必一定要让波涛汹涌打破平静的水面呢？

从前，有位老禅师，一天晚上，禅师在院子里散步，突然看见墙角边有一张椅子，他一看就知道有出家人违反寺规越墙出去玩了，老禅师没有声张，而是走到墙边，移开了椅子，就地而蹲。不一会儿，果真有一个小和尚翻墙，黑暗中踩着老禅师的背脊跳进了院子里。小和尚双脚着地的时候，才发觉刚才自己踏的不是椅子，而是自己的师父。顿时，小和尚惊慌失措，张口结舌，但是，出乎意料之外，师父并没有生气，也没有严厉责备他，而是平静地说："夜深天凉，快去多穿一件衣服。"小和尚战战兢兢地走了，后来，他再也没有违反寺规，在老禅师的细心指教下，他也成为了一位得道高僧。

在老禅师无声的教育中，小和尚没有被错误惩罚，而是被教育了。由此可见，老禅师所悟的是禅，但修的更是"心"啊！面对他人有意或无意之间所造成的错误，如果我们心中充满了怒气，甚至，希望别人能遭遇不幸或惩罚，在这样一个过程中，我们已经失去了平日那种轻松的心境和快乐的情绪。

情绪启示

一位老妇人在50周年金婚纪念日那天，向来宾道出了自己保持婚姻幸福的秘诀。她说："从我结婚那天起，我就准备列出丈夫的10条缺点，为了我们婚姻的幸福，我向自己承诺，每当他犯了这10条错误中的任何一条的时候，我都不会生气。"有人好奇地问："那10条缺点到底是什么呢？"老妇人回答说："老实告诉你们吧，这50年来，我始终没有把这10条缺点具体地列出来，每当丈夫做错了事情，气得我直跳脚的时候，我马上提醒自己：算他运气好吧，他犯得是我可以原谅的那10条错误当中的一个。如水一样平静的心境不仅能为我们带来美满幸福的婚姻，而且，还可以宽慰自己的内心。这样一来，幸福、快乐的生活离我们还会远吗?

1.坏情绪害人害己

一位结婚的女士这样说：“我脾气很坏，常常容易生气，有时候会因为老公的脸色而郁闷，甚至，不安于平静，总是想弄出点响动，但是，闹过了吵过了，最终却把自己搞得伤痕累累，伤了自己，同时，也伤了别人。”如此看来，恶劣的坏情绪，既伤害别人又伤害自己。

2.学会修炼自己的内心

学会修炼自己的内心，让它变得像水面一样平静，我们所能做的就是努力克制自己的情绪，争做情绪的主人。

◆ 心向阳光，战胜负能量

卡耐基说：“不论压力有多大，每个人都能坚持到夜幕降临；无论多么艰难，每个人都能尽力完成一天的任务。在从太阳升起到落下的一天里，我们都能够真诚、愉快地面对生活，这就是生命的真谛。”当我们的心向着阳光，那还会给阴霾天气以可趁之机吗？一旦自己拥有了阳光心态，那就会彻底地摆脱负能量。其实，一个人自身内心的负面情绪、心理、思想等，比如嫉妒、陷害、攀比、贪婪、懒惰等等，这些因素都会让人们的行为引入负面效应，这样就会产生负能量。因此，我们要学会控制自己的负面情绪、心理、避免将内心那些不愉快的情绪转化为负能量，这只会给自己身心带来诸多的伤害。

安迪年轻时在某钢铁公司打工，有一次，他被派往一个远处的客户公司装配两台煤气结晶器，以清除杂质，使煤气完全燃烧并减轻引擎磨损。其实，这种清洗煤气的新方法只是在第二次应用于工业生产，技术还不够成熟，出现了许多意想不到的问题，安迪经过了反复调试之后，机器虽然勉强可以运转，但并未达到设计效果。

当时的情况令安迪感到震惊，他遭受了多年以来少有的重大打击，内心的糟糕情绪使得他肠胃痉挛，疼痛难当，在很长一段日子里，他都寝食难安。经验告诉自己，那些滋长在体内的负能量会越来越多，经过了一番思考，安迪终于想到了一个既可以解决问题，同时也可以消除负能量的办法。

安迪的方法分为三步：

第一步，坦然分析自己所面对的最坏结局，即便是彻底失败，老板会损失两万美元，自己可能会丢掉工作，不过不可能去坐牢或者被枪毙，这是毫无疑问的。

第二步，鼓励自己接受这个最坏的结果，告诫自己，自己的历史上会出现一个污点，不过自己还能找到新的工作。至于老板，他们也认识到这是在试验期，损失的两万美元还付得起，权当付了实验经费。接受了最坏的结果之后，他反而一身轻松，心平气和。

第三步，此后，他开始把时间和精力投入改善最坏结果的努力中去。他尽可能地想一些补救办法，减少损失，经过几次试验，他发现如果再花5000美元买些辅助设备，就可以解决问题。于是，老板按照安迪所提出的做，结果公司非但没有损失那20000美元，反而赚了15000美元。

在最后，安迪补充说："要是当年我一直担心下去的话，恐怕永远不可能像这样功德圆满，因为负能量的最大恶果，就是毁掉一个人的专注力，负能量会让人思维混乱，无法作出决定。然而，当我们迫使自己做最坏的打算，在思想上做好接受最坏结果的准备，我们就能轻松掌控全局，因为真实的结果不会更糟了，这样我们就处于心理上的优势地位了，可以心无旁骛地解决问题了。"在后来的几十年，安迪一直使用这个摆脱负能量的方式，结果，在他的生活里可以说是不见忧虑和烦恼的影子。

情绪启示

在生活中，许多人遭受负能量的影响，却不知负能量究竟是如何侵入自己内心的。其实，这一方面是因为人们没有清楚地意识到它的存在，另外一方面是因为他们没有明白忽略它可能带来的影响。不过，假如我们没有摆脱负能量的正确方法，那即便是认识到这样做的重要性也没有太大的作用。那么，有没有办法阻止负能量的产生，而且防止它累积起来阻碍我们追求想要的生活呢？

1.能量守恒定律

根据能量守恒定律，能量不会凭空产生或消失，它只能转化为其他形式或转移到另外一个物体，不过能量的总量是不变的。正能量是一种健康乐观、积极向上的动力和情感，不过，现代社会的快速发展使得越来越多的人开始感觉到正能量不足，他们开始愤怒、悲伤，感到前途渺茫，负能量开始滋长，那将意味着正能量的缺失。不过，只要我们摆正心态，在压力之下唤醒动力，那负能量就一定会被赶走，甚至转变为正能量。

2.不为小事烦心

哲人说：“人生就像一朵鲜花，有时开，有时败，有时候面带微笑，有时候却低头不语。”无论人生这朵花几时开几时凋谢，我们还是依然会过着自己的生活，即便你昨天才遭遇了失恋的打击，但你依然需要保证第二天八点整准时打卡上班，因为没有哪一家公司是可以为那些失恋的人提供假期的，也没有人会关注到你眼眶红了没。因此，为了这样一点小事情，我们有必要烦恼吗？

3.摆脱负能量的万能公式

成功大师卡耐基总结出了摆脱负能量的万能公式：首先，你应该问自己，最坏的可能是什么？然后，你就做好准备迎接它；最后，镇定、坦然，想法设法就可能的最坏情况加以改善。摆正心态，即使天塌下来，也不是什么大不了的事情，还是努力享受眼前的美景。对于那些烦心的问题，如果实在找不到解决的办法，不妨先放一放，等到自己心情完全平静之后，再寻思解决的办法，那时说不定所有的问题都迎刃而解。

◆ 敢于舍弃，方能收获轻盈的心

人生就像负重前行，随着路程越来越远，我们所承受的压力就越来越大，身上的担子也就越来越重。另外，如果我们心中欲求越多，我们所承受的东西也将越来越沉重。就像一个背负重物的人，在行走的路途中，这样他也喜欢，那样他也舍不得放弃，最终，包袱越来越沉重，压得他弯下了腰，但是，他依然舍不得丢掉一样东西，拖着艰难的脚步，一步一步向前挪动。有时候，我们得到的东西越来越多，但是，我们所感兴趣的东西却越来越少，那种来自心灵间的快乐也丢失了，可是，人生还是那么沉重、烦闷。对于每一个人来说，舍弃与得到是相得益彰的，当你得到的东西越多，却失去了轻松的快乐；相反，当你鼓起勇气放弃了某种东西，我们就有可能收获快乐。

曾经有个人，他总埋怨生活的压力太大，生活的担子太重，他试图放下担子。他觉得很累，压得他透不过气来。他听人说，哲人柏拉图可以帮助别人解决问题。于是，他便去请教柏拉图。柏拉图听完了他的故事，给了他一个空篓子，说："背起这个篓子，朝山顶去。可你每走一步，必须捡起一块石头放进篓子里。等你到了山顶的时候，你自然会知道解救你自己的方法。去吧！去找寻你的答案吧……"于是，年轻人开始了他寻找答案的旅程！

刚上道，他精力充沛，一路上蹦蹦跳跳，把自己认为最好的、最美的石头，都一个一个扔进篓子里。每扔进一个，便觉得自己拥有了一件世上最美丽的东西，很充实，很快乐。于是，他在欢笑嬉戏中走完了旅程的1/3。可是，篓子里的东西多了起来，也渐渐重了起来。他开始感到，篓子在肩上越来越沉。但他很执着，仍一如既往地前进。

而最后1/3的旅程确实是让他吃尽了苦头。他已经无暇顾及那些世界上最美丽、最惹人怜爱的东西了。为了不让沉重的篓子变得更重，他毅然舍弃了这些，只是挑选了些非常轻的、非常需要的或是必不可少的东西放进篓子。他深知，这样的舍弃是必要的。然而，无论他挑多轻的东西放入篓子，篓子的重量也丝毫不会减少，它只会加重，再加重，直到他无力承受。但最后，他还是背着篓子，艰难地踏上了这最后的1/3旅程。

可能，我们都听过这样一句话：远路无轻物。当然，并不是每一个人都有挑担的经历，但是，如果自己将要负重前行，出发的时候往往很轻松，但越行越远的时候，自己就感到举步维艰，甚至，会不自觉地抱怨为什么会选了那么多的东西。但是，望着前方的路，依然不舍得放弃，只能挑着担子往前走。以致我们达到了终点，再打开自己的担子，发现里面有很多东西都不是我们所需要的。或许，对每一个即将远行的人来说，能够收获一份简单的快乐才是最重要的吧。

表姐硕士毕业后留在了一所名牌大学任教，工作得心应手，很受学生们的欢迎。在三年教学过程中，表姐已经在国家级刊物上发表了十余篇论文，还出版了一部专著。很快，学校破格提拔表姐为副教授，任命其为教研室主任。对此，身边的家人朋友都为她感到高兴，大家都认为，只要表姐能够继续走下去，教授、博士导师只不过是时间问题而已。可是，就在表姐事业如日中天的时候，她却作出了令大家跌破眼镜的事情，表姐毅然辞去了前途光明的大学教师，应聘到美国一家著名公司做一名普通的员工。

父母感到十分惋惜，忍不住问女儿：“你以前的工作不是挺好的吗，别人都很羡慕，你为什么选择舍弃呢？”表姐却说：“这么多年来，我最大的收获并不是金钱和名誉，而是努力挑战自己的乐趣，丰富了自己的阅历，如果我继续在这个岗位上工作，我会感觉到苦闷。一直以来，我很看重自己内心到底想要什么，所以，我鼓起了勇气去舍弃，这样，我才能感受快乐。”

或许，在别人看来，表姐的跳跃，并不像大家心目中完美的一跃，甚至，这样一跃存在着一定的风险，但是，表姐自己并不在乎世俗的衡量标准，她清楚地知道自己内心到底更想要什么，所以，她鼓起了勇气选择了舍弃，自然，在表姐的生活中，她感受到了一份简单的快乐。一个人只有敢于去舍弃一些东西，才能够放下心中的怨气、烦恼，也才能够轻松地争取一些东西。

情绪启示

曾看到过这样一个故事：一位中国留学生初到美国的时候，只能靠在街边卖艺生存。当时，最赚钱的地方是一家银行的大门口，中国留学生与一位黑人联手拉琴，由于他们配合得很好，得到了许多人的喜欢和帮助。后来，这位中国留学生用卖艺的钱进入大学进修，十年过去了，中国留学生成为了知名的音乐家，而那位黑人还在那家银行门口拉琴。

有一次，他们相遇了，那位黑人开口就问：“嘿，伙计，你现在在哪个地方拉琴？”这个故事给我们太多的启示：一个人懂得及时放弃，他才能收获更多，生活也将变得更加快乐；一个人必须鼓起勇气，放手舍弃，这样我们才能远离苦闷，从而感受最甜的快乐。

人若是背着负担走路，那么，再平坦的路也会让他感到身心疲惫，最终，他会因为不堪生活的压力而走向不归路。但是，如果我们能平复心境，试着把那些沉重的负担当成一种习惯，用轻松、淡然的心态去看待问题，心境便会变得澄明，所有的负能量便会缓解，那负担也许会变成一种精神上的享受。人们应该记住，当自己被负能量压得喘不过气来的时候，要学会通过正确的途径释放负能量。

1.通过正确途径释放负能量

那些因负面情绪积聚而成的负能量就好像一颗毒瘤，如果你任由其发展，那就会越长越大，甚至会影响到我们身心健康。对此，我们已经积极寻找正确的途径释放负能量，比如转移注意力，让自己的生活变得忙碌起来，积极创造正能量，等等。

2.负能量只有得到了合理的释放，才能转化为正能量

有些人对于心中存在的负能量选择逃避的方式，他以为逃避了就可以创造出正能量。其实，只要你没有对负能量进行合理的释放，那它随时都在影响着正能量的创造，我们只有将潜在的负能量释放出去了，才能间接转化为正能量。

第5章
学会勇敢表达你的情绪：没有情绪的人生是种缺憾

情绪表达是人们继续生活的需要，当内心郁积情绪，不管是正面还是负面的，都应该寻找合适途径释放出来。否则，只会造成情绪拥堵，甚至会给身体带来不适。所以，学会勇敢表达自己的情绪，因为没有情绪的人生是一种缺憾。

◆ 敢于表现自己的负面情绪

华盛顿·欧文说：“气度狭小就被逆境驯服，宽宏大量则足以把逆境克服。”因此，我们要懂得接纳并调整自己的坏情绪。在日常生活中，我们常常会说到“发脾气”和“生闷气”，这两者之间有什么区别呢？发脾气，是指用语言、动作等显性行为将那些对某人或某事不满的情绪发泄出来，这是生气时的外在表现；生闷气，是指将那些不愉快的情绪压抑在心里，不外露，也就是赌气，其实，这就是生气时的内在表现。虽然，我们从表面上看，无论是“发脾气”还是“生闷气”都是生气，但是，它们的表现方式却大有不同。由于表现方式的差异，将直接导致其后果的不同，或许，有人认为发脾气会伤了彼此的和气，但是，如果我们发泄的前提是为了对方好，伤了和气又怎样呢？

小萌刚刚大学毕业，尚不懂得如何讨上司欢心、如何恰当处理同事关系，但是，当她找到了第一份工作的时候，父亲这样告诉她："丫头，公司不比家里，在家里，我和你妈妈都会让着你，你生气了可以砸东西，大哭，甚至大骂，但是，在公司是绝对不行的，凡事需要忍耐，这样你才能赢得上司和同事的喜欢。"小萌点点头，踏着欢快的脚步走进了公司大门。

可是，两个月不到，小萌的脚步就变得无比沉重了。似乎自己在公司真的做得很好，大到公司老总，小到清洁阿姨，都对小萌十分喜欢，因为小萌的脸上时刻挂满了笑容，从来不生气，从来不指责谁。同事都忍不住夸赞小萌："你的脾气真好，刚才这件事明明是主管自己疏忽了，他那样责骂你，你还是笑容面对，换了是我，早就和主管对骂起来了。"小萌笑着点点头，心里在想：我的脾气也不好啊，当时，我就想拿着文件朝他脸上砸去了。可是，这毕竟是公司啊，不是在家里，这里不是自己撒野的地方。于是，在这样每天都需要伪装笑脸、强忍怒火的日子，让小萌感觉到很累，每次回到家里，小萌都忍不住发泄一番，心中的苦闷不知道向谁诉说。终于，在难忍之下，小萌拖着疲惫的身子走进了心理咨询室的大门。

其实，人生在世，我们难免会遇到一些不顺心的事情，哪怕是一家人，也免不了"锅碗不碰瓢盆"，于是，有人会生气、发发牢骚，这是很正常的。在生活中，看不惯某些人和事，偶尔闹点情绪，埋怨，指责，这都不足为奇。而最不接受的一种状况是，不声不响将不满情绪憋在肚子里生闷气，而且，生闷气是一种极坏的生活习惯，不仅消耗自己的精力，而且，还会引发疾病，影响身心健康。在三国时期，周瑜一个人生闷气，结果白白断送了自己的性命，这说明喜欢生闷气的人能力不够强，不善于调节自己的情绪，在一定程度上缺少一些谋略。

其实，生闷气对我们的身体有极大的伤害：一方面，经常生闷气不利于心脏的健康，另一方面也会影响身体免疫系统的正常功能，从而引起体内的激素变化。对此，专家建议，与其闷在那里自己和自己生气，不如宣泄心中不满情绪，懂得接纳生气的自己，努力调整自己的情绪，这样会更有效地减少外界环境对人所产生的不利影响。

情绪启示

在某些时候，该发脾气就发脾气，不需要压抑自己的情感，因为不适当的压抑，就有可能形成生闷气的习惯，结果会适得其反。不过，生活中的我们应该少生气，不生气，如果真的到了“怒不可遏”的地步，那就干脆痛痛快快地发泄出来，这样有利于情感的释放，有益于身心健康。

1.别做好好先生

有一位被大家公认“好脾气”的人这样说道：“其实，每次看到令我感觉不好的人和事，我内心都相当地生气，但是，我极力克制自己，不断告诉自己‘要保持自己的形象，千万不要发脾气’，结果，时间长了，我发现，由于心中不良情绪的郁积，我的脾气越来越大，一点小事就可以让我的情绪变得无比激动，可又不好当面发作，常常是事情过去以后，我就气得砸东西。虽然，我是公认的‘好脾气’，但是，好像我已经陷入了恶劣情绪的旋涡了。”也许，总有一天，这位“好脾气”先生会忍不住爆发，而到那时他自己也成为了不良情绪宣泄的陪葬品了。

2.发脾气比生闷气好

专家研究表明，发脾气比生闷气好。虽然，在大多数人看来，发脾气有损自己的修养和形象，似乎这是一件伤大雅的事情。但是，科学家却对此公布了一项研究结果：当人感到气愤而想发脾气时，如果能够及时宣泄出来，会有利于自己的身体健康。当然，生气、发怒并不是一件坏事，毕竟人有七情六欲，总不能强制压抑，这样怒气就会变成闷气，这样反而容易爆发。如果能够释放心中的怒气，发泄不满情绪，解除烦闷，反而使身心感到轻松愉快。

◆ 克服紧张情绪，保持一份优雅

在现实生活中，有一种情绪时常困扰着我们，诸如独自登台表演或演讲的时候、与陌生人沟通的时候、在公众场合说话的时候等等，诸如这些场景，紧张的情绪会冒出来困扰我们，影响我们的一举一动。有时候，紧张的情绪使我们怯场，内心有了退缩的念头；有时候，紧张的情绪会让我们心中大乱，最终以失败而收场。总而言之，紧张的情绪似乎总是跟随着我们左右，势必要影响我们的言行举止才罢休，紧张，总是有意或无意地干扰着属于自己的优雅，在紧张的心境下，我们似乎没有办法做好任何事情。所以，要想保持一份优雅，要想拥有一份美好的心情，我们应该努力克服内心的紧张情绪。

亚伯拉罕·林肯出生于一个农民家庭，他曾经是一个内心自卑却又渴望成功的人。

林肯当选为美国总统后，复杂而令人头疼的政事使他患上了抑郁症，在患病的那一段时间里，林肯经常失眠，内心时刻充满着紧张的情绪，甚至，他对自己的生活感到了绝望。每一次会议或者讨论，林肯都沉默不语，并不是他习惯于如此，而是源于内心的紧张。后来，心理医生建议他“重新找回自信”，然后，在医生的帮助下，林肯喜欢上了剪报。每天，他都会剪下报纸里对自己的赞美之词，然后揣在口袋里，这样，内心紧张的情绪就会减弱一点。每当有重大会议召开之前，林肯都会心情紧张，这时，他就会从口袋里掏出剪报，鼓励自己。“将别人的鼓励随身携带，以舒缓紧张的精神”，林肯一直到死都保持了这个良好的习惯。就在林肯不幸遇刺后，人们从他的上衣口袋里，发现了那些赞美他的剪报。

一位曾被紧张情绪困扰的人这样说道：“过去的我，性格非常内向，每天都感觉特别紧张，活得十分痛苦，虽然，我尽力伪装自己显得很正常，但是，我非常清楚自己的心境是处于病态中，当逃避和伪装让自己不胜疲惫的时候，我终于选择了面对，心里越是害怕与人沟通，我就越要与人主动沟通；越是不喜欢人多的地方，我就越给自己机会来面对人群。在这种与自己抗争的艰辛历程中，我得到了前所未有的历练和成长。”其实，紧张的情绪对于我们来说，并不可怕，只要我们鼓起勇气，就能够克服内心的恐惧，从而使自己变得优雅起来。

世界著名的男高音帕瓦罗蒂曾参加过无数次演出，仅在美国纽约大都会歌剧院，他的演出就达到了379场。但是，像这样一位世界著名的艺术家在每次登台的时候，也忍不住产生紧张情绪。帕瓦罗蒂认为自己的紧张情绪可能是遗传于父亲，其父亲是一位具有男高音天赋的人，但由于太过紧张而无缘于舞台。但是，为了使演出显得更加完美，帕瓦罗蒂必须克服内心的紧张情绪。

刚开始的时候，帕瓦罗蒂通过暴饮暴食来摆脱紧张的情绪，每一次上台演出之前，他都要大吃一顿，这样才能缓解内心的紧张情绪。但是，暴饮暴食使自己变得肥胖，而且，医生也对他发出了最后警告：“再这样吃下去，你将会有生命危险。”帕瓦罗蒂无奈放弃了这种方式，转而寻找另外一种摆脱紧张情绪的方式。后来，他开始依赖一枚钉子。原来，在帕瓦罗蒂的家乡，流传着这样一个传说：生了锈的弯钉子会给人带来好运。帕瓦罗蒂相信这一传说，以后，在每一次的演出之前，帕瓦罗蒂都会在后台昏暗的灯光下寻找一枚弯钉子。如果在演出开始，他还没能够找到一枚弯钉子，那么，哪怕这场演出的报酬再高，帕瓦罗蒂也会拒绝出演。他的这一习惯，不仅得罪了无数的朋友，而且，造成了美国芝加哥歌剧院永久地拒绝了他。后来，帕瓦罗蒂的这一习惯被慢慢传开来，那些承接帕瓦罗蒂演出的单位都会特意为他留一枚钉子。

摆脱了紧张的情绪，帕瓦罗蒂完美地完成了每一次演出。赛车的时候，在那瞬息万变的赛道上，每一次判断和决定都是在毫秒之间做出的，因此，几乎所有的赛车手都有一个最大的通病，那就是—“紧张的情绪”。对于许多赛车手来说，彼此之间都有一个心照不宣的秘密，那就是许多人都会因为比赛过度紧张而尿裤子。舒马赫在赛车界中是数一数二的人物，然而，即使是这样一位大名鼎鼎的赛车手，他在每次比赛时也会紧张。于是，为了缓解自己的紧张情绪，在每一次比赛之前，舒马赫都会玩一玩电子游戏，这样，他才能更加优雅地玩转赛车。

情绪启示

赵治勋被日本人称为“棋圣”，他在围棋界占据着极其重要的位置。然而，即使是这样一位大师也会紧张，在每一次激烈的对弈中，赵治勋都感到异常紧张，而一紧张就很容易出错。因此，为了缓解内心的紧张情绪，赵治勋总是要求工作人员准备一大堆火柴和废纸，在对弈的时候，他通过撕废纸和玩折火柴来舒缓自己紧张的情绪，这样，他才能将棋局运筹帷幄，最终赢得比赛。

1.放低对自己的要求

在生活中，要想克服紧张的心理，我们就应该努力把自己从紧张的情绪中解脱出来。心理学家认为：有效消除紧张心理，从根本上说是要降低对自己的要求，一个人如果十分争强好胜，每件事情都追求完美，那么，常常就回感觉到时间紧迫，内心自然充满紧张。而如果我们能够清楚地认识到自己的能力，放低对自己的要求，凡是从长远打算，这样，心情自然就会放松。

2.克服内心的紧张情绪

其实，紧张的情绪并不是普通人所特有的，而是每一个人都有的一种心境，无论多么伟大的人，他们都未必能完全摆脱紧张的束缚。但是，只要他们能找到恰当的放松方式， 他们就可以轻松地战胜内心的紧张情绪，最终赢得完美的胜利。

◆ 向朋友合理“发泄”负面情绪

有了烦恼、怒气，若不及时宣泄，必然会变成坏情绪，因此，当自己愤怒时，或者坏情绪郁积的过程中，我们需要及时地将那些不满的情绪宣泄出去。当然，宣泄情绪的方式有许多种，而向他人倾诉是其中一种行之有效的方式。一个人生活在这个世界，必然构建了一定的人际关系，有我们的家人，有我们的朋友，有我们的老师，等等，这些都可以成为我们的倾诉对象。倾诉内心的烦恼，他们会为我们分担一些坏情绪的愁绪，彻底瓦解那些坏情绪的根源。可是，在现实生活中，许多人面对他人谈论自己的事情却是忌讳莫深，似乎伪装的面具就是坚强，无论自己多少烦恼，多么生气，也不愿向他人袒露，宁愿自己一个人死撑着。直到有一天因为闷气而爆发，朋友才惊讶：“原来他心中藏着这么多不为人知的秘密。”为了不让自己被坏情绪所吞噬，学会倾诉吧，向自己的好友倾诉，他们会为你分担一些坏情绪的愁绪。

快到凌晨了，李太太家里的电话铃声突然响了起来，李太太拿起电话：“喂，你是哪位？”电话里传来了一个妇女的声音：“我恨透了我的丈夫。”李太太感到莫名其妙：“我想，你打错电话了。”但是，对方似乎没有听见，依然继续说下去：“我一天到晚照顾两个孩子，他还以为我在偷懒，有时候我想出去见见朋友，他都不肯，自己却天天晚上出去，跟我说有应酬，鬼才会相信呢。”李太太打断了对方的话：“对不起，我不认识你。”那位妇女生气地说：“你当然不会认识我了，这些话我怎么能对亲戚朋友讲，到时候肯定会搞得满城风雨，现在我说出来了，舒服多了，谢谢你。”随后，那位妇女就挂断了电话。

虽然，这位妇女的做法显得十分荒唐，但是，我们却从中发现，一个被不良情绪所困扰的人，他们其实很想把心中的忧愁和苦闷做一番倾诉，哪怕对方只是一个陌生人。在电影《2046》里，梁朝伟将自己内心的秘密对着一个树洞倾诉，不难发现，每个人都有一种倾诉的欲望。有时候，心中的烦闷可能是关于隐私之类的话题，那怎么办呢？

李芳才30岁的年纪，就独自经营了一家大型企业，或许，在旁人看来，李芳已经获得了人生的成功。可是，又有谁能知道李芳心中的苦闷呢？在李芳的家里，是属于男主内女主外的模式，老公在家带孩子，自己在外奔波。刚开始的时候，老公心中总满怀愧疚，常常告诉李芳："老婆，你一个人太辛苦了，都怪我，没本事。"对此，老公对家里全身心地付出，包揽了家里所有的家务，不让李芳操心，这让李芳感到由衷的欣慰。可是，好景不长，时间久了，老公变得越来越懒，连家务都派遣给保姆，整日游手好闲。如果李芳说他一两句，老公就会反驳："我一个大男人在家里多辛苦，出去放松放松，又怎样？"这时，李芳就住口不语，两人关系越来越恶劣。

每次回到家里，李芳都感到身心疲惫，满腔怒火，却找不到地方发泄。每到凌晨，老公还没回家，李芳就气得在家里砸东西，可是，发泄过后，老公回家了，李芳就像没事一样。这样，时间长了，李芳心中坏情绪越积越多，作为公司董事长，她又不好在员工面前发脾气，只能憋在心里。偶尔，想到了朋友们，又不好意思开口，即使碰到朋友主动问道："李芳，最近有什么烦心事吗？怎么看你脸色不太好？"李芳也总是推托两句："没事啊，一切都挺好的，可能是工作太累了吧。"可是，没过多久，朋友就闻讯了李芳自杀未遂的消息，听闻此消息，大家都大吃一惊，怎么会这样呢？

有人说："一个人如果有朋友圈子，就能长寿20年。"的确，向朋友倾诉内心的烦恼是排除坏情绪的有效办法。当自己有不良情绪出现时，有可能会越想越愤怒，越想越伤心，这时，若是约个朋友，将自己心中的郁闷尽情地倾诉一番，在朋友那里寻求支持和解答，从而获得一种心理上的平衡。

情绪启示

俗话说："当局者迷，旁观者清。"或许，那些对于自己来说，不能解决的问题，在朋友的劝解之下，便会茅塞顿开，这样，心中的闷气就会得到最大限度的宣泄。对每一个深陷烦恼的人来说，朋友的倾听和理解才是最好的安慰剂，向朋友倾诉，不仅使郁闷情绪得到消减，心灵得到沟通，而且，在倾诉的过程中还能增强友谊，分享快乐。

1.坏情绪可以让朋友分担

英国思想家培根："如果你把快乐告诉一个朋友，你将得到两个快乐。而如果你把忧愁向一个朋友倾吐，你将被分掉一般的忧愁。"分担，它是一件有趣的事情，可以让我们的快乐加倍，让我们的痛苦减半。当你发现自己被那些怒气缠绕，而且，无力摆脱的时候，千万不要让它憋在心中，要学会宣泄情绪，学会向知己好友倾诉心中的烦恼，让自己摆脱坏情绪的缠绕。面对不良情绪，唯有主动释放，理智宣泄，否则，后果将不堪设想。

2.在好朋友面前可尽情宣泄坏情绪

事实上，在任何时候，知己都是我们心灵的伴侣，在朋友面前，又有什么可丢脸的呢？当然，向朋友倾诉自己的烦恼，我们需要选择值得相信的朋友。朋友对于我们来说，无时无刻不在身边，只要我们需要他们的时候，当自己遇到了不顺心的事情，可以拨打电话给朋友，向他们道出内心的烦闷，甚至，可以在朋友面前发怒、哭诉，尽情宣泄心中的不良情绪。

◆ 寻找发泄坏情绪的合适途径

法国作家大仲马说："人生是一串无数的小烦恼组成的念珠。"在日常生活中，烦恼、怨恨、悲伤、忧愁或愤怒等不良情绪都是常见的情绪反映，而闷气是坏情绪的内在表现。一个人生闷气的时候，实际等于整个人都陷入了不良情绪之中，容易产生孤独感和抑郁症。总而言之，坏情绪让一个人变得郁郁寡欢，因此，我们需要寻找让自己放松的方式。在电视剧《北京人在纽约》里，面临破产的威胁，失败的阴影来袭的时候，王起明一边开车一边高唱“太阳最红……”，获得了心灵上的暂时放松；在日本，每年都要举办一次呐喊比赛，那些情绪不满者向远处的大山大叫，以发泄心中的怒气。或许，对于每一个人而言，他们都有着不同的放松方式，但是，我们最终的目的是赶走郁积在心中的坏情绪。

里根是一个性格温和的人，但是，有时候他也会发脾气。当他生气的时候，就会把铅笔或眼镜扔在地上，然后很快就能恢复情绪。有一次，里根对侍从人员说：“你看，我在很久以前就学会了这样一个秘诀：当你生气时，如果控制不住自己，不得不扔掉一些东西来出气，那么就要注意把它扔在你的面前，一定不要扔得太远了，这样捡起来就会省力很多，捡起了东西，心情自然也就放松了。”

其实，在很多时候，所谓的放松方式就是发泄心中烦恼，无压力地宣泄不满情绪，将心胸放开，这样就会减少一些不必要的烦恼，而且，避免了这样的不良情绪感染到其他人。有一位商人在谈到自己放松的方式，他说：“当我自知怒气快来的时候，连忙不动声色地想办法离开，跑到自己的健身房，如果我的拳师那里，我就跟他对打；如果拳师不在，我就猛力地锤击皮囊，直到发泄自己满腔怒火，整个人轻松下来为止。”愤怒是由于心理上失去了平衡，或者是自己的要求和欲望没能得到满足。因此，我们可以转移心境，寻找一种轻松的方式，这样，怒火自然就会被浇灭了。

《吕氏春秋》记载了这样一个故事：

齐文王患了忧虑病，没能找到正确的治疗方式，时间长了，病情越来越严重，甚至，到了卧床不起的时候。这时，大臣建议请名医来诊断病情，于是，齐国派人到宋国去请来名医文挚给予医治。文挚查看了齐王的病情，判断出必须采取一定的方法来赶走病人心中的闷气，但是，顾虑到这样会触动齐王而惹来杀身之祸。对此，齐国太子向文挚保证，无论如何都会保证医生的安全。于是，与文挚约好了看病的时间，但是，文挚却连续三次失约，齐王虽在病床上，却对此十分恼怒。

后来，文挚终于应约而来，但是，他不脱鞋就上床，脚踩齐王的衣服问病，气得齐王不搭理他。这时，文挚用粗话刺激齐王，齐王终于按捺不住，翻身起来就大骂，没想到，齐王的病却因此好了。

所谓“怒动其身形、冲破忧伤烦闷的不良情绪”，有人在愤怒时暴跳如雷，面红耳赤，实际上，这就是一种能量发泄。人们常说：“言为心声，言一出，心便安。”积极的能量发泄可以采取唱歌、怒吼等方法，这也不失为一种轻松的方法。另外，哭泣也是一种行之有效的方法，据调查，85%的妇女和73%的男人在他们哭过之后，心情就会好受一些。威廉菲烈博士说：“哭可以将情绪上的压力减轻40%，哭是健康的行为，值得鼓励。”

情绪启示

培根说：“无论你怎样表示愤怒，都不要做出任何无法挽回的事来。”美国前总统林肯如果在外面和别人生气了，回到家里就会写一封痛骂对方的信，当家人第二天要为他寄出那封信的时候，林肯会极力阻止：“写信时，我已经出了气，何必把它寄出去惹事生非。”坏情绪就像夏天的暴风雨一下，需要我们适当发泄，这样才能净化周围的空气，缓解心中的紧张情绪。坏情绪，只会让我们变得越来越抑郁，想要自己获得全身心的轻松，我们必须寻找一些轻松的方式，发泄心中不满的情绪，驱赶心中的坏情绪，将自己解脱出来。

1.将心中的烦闷写出来

同时，将心中的烦闷写出来，这也是一种自我轻松的方式。一般情况下，写诗、写日记都能够有效地发泄郁积在心中的闷气，使情绪恢复到平静。而且，从心理学上说，适当发泄长期以来积压的闷气，可以减轻或消除心理疲劳，比起将坏情绪郁积在心中，将怒气发泄出来会更好，这样可以使我们变得轻松愉快。

2.合理宣泄不良情绪

如何面对心中的种种不良情绪？当然是合理地宣泄，放松自己。一位年轻女孩来到心理咨询中心，说道："前两个月我被公司解聘了，心里很恼火，不愿意见人，整天就呆在家里，憋得心慌，内心也变得更加痛苦，有什么办法能够摆脱这样的处境呢？"心理医生这样建议："你这样是不行的，时间长了就会变得郁郁寡欢，寻找一种让自己放松的方式吧。"

◆ 坏情绪要及时且委婉地表达出来

坏情绪积压在心中久了，就像等待迸发的岩浆，从里到外，都是滚烫的，很容易伤害到他人。在生活中，若不及时消除心中的坏情绪，将会对自己或他人造成巨大的伤害，尤其是对某个人形成的情绪。或许，我们常常看不惯某个人的习惯，讨厌某个人的说话以及行为方式，而且，出于颜面或自尊没有办法向对方说明，但是，我们却不能制止心中那股"坏情绪"的不断滋长，直至最终崩溃。事实上，每个人都欢迎不同的意见，相比较而言，他们更不喜欢不声不响就生自己气的人。所以，如果你对某个人产生"情绪"，不要放在心里，试着用委婉的方式表达出来，化"坏情绪"于无形，更好地解决问题。

去年，王先生举家搬到了繁华的深圳市区，原以为以后的日子会越过越好，但是，没想到了由于孩子的教育问题时常与老婆发生矛盾，两人关系日益恶化。王先生性格比较内向，不善言辞，每次吵架都说不过能说会道的老婆，因此，每次吵架之后，他就一个人到卫生间生闷气。

那天，王先生在家里等着儿子回家，等了很久还是不见回来，生气的王先生开始不由自主地埋怨老婆："看天这么晚了，孩子还没回家，都是你惯出来了的。"老婆当仁不让，两人又吵了起来，不一会儿，从网吧回到家的儿子看见爸妈正吵得不可开交，索性躲进屋里玩电脑。吵了半天，两人都疲倦了，老婆不再搭理王先生，到了卧室躺在床上睡觉，王先生的气还没有消，他把自己关进厕所里闷头抽烟。他一边抽烟，一边思索，越想越生气，心中的怒气像快要喷出的岩浆，阻拦不住。

过了几小时，王先生突然从厕所里出来，气愤地大吼："这日子没法过了，还不如一把火烧了干净。"说完，王先生就摔门而去，过了好一阵子，他回来了，手中提着沉甸甸的汽油，吓得老婆孩子夺门而逃。这时，家中已经是浓烟滚滚，王先生站在屋门口放声痛哭了起来。

王先生对老婆有相当深的"坏情绪"，但是，他并没有委婉地表达出自己的意见，反而是短兵相接，导致两人的矛盾越来越严重，直至最后点燃了自己心中长久以来的"坏情绪"，原子弹终于爆发了，留下了悲惨的结局。其实，对他人生闷气不仅不能解决问题，反而会招致更严重的后果，特别是对于夫妻之间来说，更是如此。夫妻两人如果有什么矛盾，可以敞开心胸，吐露自己的真实想法，如果对方有某些行为让自己生气，我们也可以委婉地向对方表明，这样一来，矛盾弱化了，心中的坏情绪自然也就消失了。

老伯的老伴前不久去世了，他常常一个人闷闷地坐在那里，眉头紧蹙着，似乎总是在生气。如果有人跟他打招呼，他也回一个微笑，接着，老伯就会打开话匣子，开始说起自己的儿子、女儿、媳妇的种种不是。那些抱怨的话是别人不能接口的，只能静静地听，大家都感觉到，这是一个多么难相处的老人家啊！

有一次，老伯正在进行冗长的抱怨，旁人问道：“你有没有跟儿女讲过你的这些不满呢？”老伯愣了一下，大声说道：“这还要跟他们讲吗？他们是做子女的，自己当然要知道父母的不满啊！只有那些不孝顺的，才需要我讲。”旁人呆住了，老伯接着说：“他们要是没顺我的意思，我就不跟他们讲话，叫我爸爸，我也不搭理，这样一来，他们就会怕我，就不会不孝顺我。如果不怕我，就不会孝顺我，就会放我一个人自己住，那时，我就可怜了。”说着，老伯似乎露出来一丝微笑：“现在，我已经三天都不理他们了，媳妇叫我，比平常时更多遍了。”

这的确是一个喜欢生“闷气”的老伯，在他那固执而又蛮横的逻辑里，似乎总是自己在跟自己生气。或许，老伯没有赢得预期的对待，就学会用自己的情绪去勒索他人了，事实上，这是一种极为不恰当的做法，生闷气只会把自己推向孤立无援的境地。如果这位老伯能够委婉地说出自己的情绪和想法，对儿子、媳妇与女儿表达关心，那么，一家人是可以和睦而温馨地相处的。

情绪启示

试着放下自己对他人的“情绪”，如果自己心中真的有什么想法，那就委婉地告诉对方，将自己的情绪反应如实地告知对方，这样对方才能清楚地知道你到底为什么而生气。而且，这样既可以解决与他人之间的问题，还可以化解心中的闷气，化坏情绪于无形，使自己的情绪回归于平静。

1.不要生闷气

爱生闷气的人，他们更容易被消极情绪所影响，愤怒的情绪就像洪水一样，堵不如疏。心中有了闷气，我们就要想办法疏通，学会自我调节，生气时寻找合适的渠道，适当地表达自己的真实感受。否则，只生闷气会影响彼此之间的感情。

2.不要让小脾气积累为坏情绪

有时候，两个人之间生气，刚开始时可能大多是不满情绪或愤怒的“小气”，但是，由于郁积在心中的矛盾一直没能得到解决，相互之间的关系越来越恶劣，结果使矛盾更加严重。“小气”逐渐滋长为“大气”，甚至，还会引发一系列悲剧。

第6章
及时清除掉负面情绪的幼苗：学会控制自我情绪

自制是人类必须拥有的美德之一，尤其是控制自己的情绪。那些在内心深处不断暗涌的情绪，不管是冲动，还是愤怒，都应该及时控制，而非任由其横冲直撞。从负面情绪的根源入手，积极控制，及时清除负面情绪的幼苗。

◆ 学会转化情绪，赢得好心情

哲人说：“人生就像一朵鲜花，有时开，有时败，有时候面带微笑，有时候却低头不语。”其实，人生就是这样，无论我们处于什么样的境地，只要学会看情绪晴雨表，学会调节出好心情，你会发现，人生远没有想象中的糟糕，而我们所遭遇的那些根本不算什么。人生，注定就是一条充满曲折、困难的路，或许，烦恼无所不在，但是，面对这样一些事情，我们能够尝试着打开心灵的另一扇窗户，以一种积极、乐观的心态去面对，你会发现，所谓的烦恼根本不存在。人生依然无限美好，问题的出现并没有改变我们的好心情。

有个老太太有两个儿子，一个卖伞，一个刷墙。于是，老太太天天提心吊胆，闷闷不乐，因为晴天的时候，她担心儿子的伞卖不出去，下雨的时候，她又开始发愁另外一个儿子没法刷墙。后来，一位智者告诉他：“试着换个心情，你想想，下雨的时候伞卖得最多，那卖伞的儿子生意不正好吗，心情就好了；天晴的时候刷墙正好，刷墙的儿子生意也兴旺，心情自然也就好了。这样一来，无论是晴天，还是雨天，对于你来说，心情都没有改变。所以，什么时候都不会错的，你所应该选择的是一份快乐的心情。”老太太听了，笑逐颜开，再也不用整天担心了。

每个人的心中都有一份情绪晴雨表，只是，我们常常习惯于看见阴郁的雨天，而忘记了晴朗的那方天空，于是，我们的情绪也变得阴郁起来，不由自主地以悲观、消极的心态来面对生活。如此一来，那些本来看起来十分细小的事情，也会让我们火气大发，甚至，阴郁的心情会蔓延开了，逐渐影响我们身边的人。心情，与生活一样，我们是可以选择的，即使事情变得十分糟糕，我们也依然选择以快乐的心情面对。这样，我们既能看清楚事情的真实情况，而且，积极乐观的心态可助我们更好地解决问题。

有一天，陆军部长斯坦顿来到林肯办公室，气呼呼地对林肯说：“一位少将用侮辱的话指责你偏袒一些人。”比较内向的林肯笑着建议：“你可以写一封内容尖刻的信回敬那个家伙。可以狠狠地骂他一顿。”斯坦顿立即写了一封措辞强烈的信，然后交给总统看，林肯高声叫好：“对了，对了，要的就是这个，好好训他一顿，写得真绝了，斯坦顿。”

但是，当斯坦顿把信叠好装进信封的时候，林肯却叫住他，问道：“你干什么？”斯坦顿有点摸不着头脑了，说道：“寄出去呀。”林肯大声说：“不要胡闹，这封信不能发，快把它扔到炉子里去，凡是生气时写的信，我都是这么处理的，这封信写得很好，写的时候你已经解了气了，现在感觉好多了吧，那么就请你把它烧掉，再写第二封信吧。”

约翰·米尔顿说：“一个人如果能够控制自己的激情、欲望和恐惧，那他就胜过了国王。”有时候，情绪不仅是心灵健康的庇护神，而且，它对我们决胜的关键时刻也异常重要。在现实生活中，面对不同的环境，不同的对手，有时候，人采用何种手段并不重要，而是控制好自己的情绪才是至关重要。每个人都有自己的情绪，而情绪是一种抓不住的东西，在很多时候，它令我们捉摸不定。但是，不管情绪如何难以琢磨，我们都应该努力控制好它，保持平静的状态，以此保持心灵健康。

情绪启示

杯子里有半杯酒，一个酒鬼来了，看见就摇了摇头，十分沮丧："唉，只有半杯酒。"一会儿，又来了一个酒鬼，看到半杯酒兴奋地说："太好了，还有半杯酒。"杯子里依然是半杯酒，但是，因为心境不同，心情自然大有不同。

1.控制好自己的情绪

情绪是指人们对环境中某个客观事物的特种感触所持有的身心体验，是一种对人生成功活动具有显著影响的非智力潜能因素。对此，美国密歇根大学心理学家南迪·内森通过一项研究发现：一般人的一生平均有十分之三的时间处于情绪不佳的状态，而其中大部分为内向者。所以他们常常需要与那些消极的情绪做斗争。一般情况下，人们容易受情绪的牵制，他们有或大或小的心理障碍，而这将会影响其心灵健康。所以，要想心灵健康，人们应该努力突破心理障碍，控制好自己的情绪，这样才有可能成为成功者。

2.善于选择好心情，而不是坏心情

有人这样抱怨："这天老是下雨，还要不要人活啊，今天出门的计划又泡汤了。"而在街头的另一处风景中，一位少女正撑着雨伞散步，小脚丫在雨水中快乐地奔跑。我们发现，"下雨"这个事实并没有改变，少女所改变的不过是自己的心情，像天气预报一样，情绪也有晴雨表，要想自己拥有一个好心情，我们要善于选择"晴朗的天气"，而不是沮丧的"雨天"。

◆ 做一个智者，生气是愚者的本性

马克·吐温说：“世界上最奇怪的事情是，小小的烦恼，只要一开头，就会渐渐地变成比原来厉害无数倍的烦恼。”对于智者来说，不会在意那些小小的烦恼，因为烦恼会成为生气的源头，而生气则是十分愚蠢的行为。在生活中，那些生气所带来的恶劣情绪会挑拨起内心的冲动，冲动的结果将会令我们更加生气。这样一来，情绪就会形成一种恶性循环，从此一发不可收拾。若是远离了生气，抑制了内心的愤怒情绪，我们就会达到开心的彼岸。

从前，在古希腊住着一位名叫斯巴达的人，他有一个很特别的习惯：每次生气或与别人争吵的时候，他都会以很快的速度跑回家，然后，绕着自己的房子和土地跑三圈，跑完以后，就坐在田边喘气。许多人对他这样的习惯很不理解，每次好奇地问他这是为什么，斯巴达总是微笑着不语。

斯巴达是一个勤劳而精明的人，在自己的努力经营下，他的房子越来越大，土地也越来越广，但不管房子和土地有多大多广。一旦遇到了自己生气或者与别人争论的生活，斯巴达依然会绕着自己的房子和土地跑三圈。

直到有一天，斯巴达老了，他的房子变得特别大，土地也变得特别广，不过，这并不会影响他那数十年不变的习惯。每当斯巴达生气的时候，他仍然会拄着拐杖艰难地绕着自己的房子和土地走三圈。好不容易走完了三圈，太阳已经下山了，而斯巴达则独自坐在田边，一边喘气，一边欣赏着自己的房子和土地。

这时，孙女在斯巴达身边恳求：“阿公！您可不可以告诉我？”斯巴达感到不解：“告诉你什么呢？”孙女挨着斯巴达坐了下来，说道：“请您告诉我，您一生气就要绕着土地跑三圈的秘密？”斯巴达笑着说：“年轻的时候，只要一和别人吵架、争论、生气，就会绕着房子和土地跑三圈，一边跑一边想：房子这么小，土地这么小，哪有时间去和别人生气呢？一想到这里，我的气就消了，整个人变得平和起来，把所有的时间都用来努力工作。”孙女感到很不解：“阿公！可是，现在您已经年老了，房子也大了，土地也广了，您已经是最富有的人了，那为什么还要绕着房子和土地跑呢？”斯巴达温和地说：“可是，我现在依然会生气，为了克制内心的愤怒情绪的蔓延，我在生气时还是绕着房子和土地跑三圈，边跑边想：自己的房子这么大了，土地这么多了，又何必要和别人计较呢？一想到这里，我的气也就消了。”

为了克制内心生气的情绪，斯巴达绕着房子和土地跑三圈，跑完了气也就消了，再也不生气了。斯巴达看似愚蠢的行为，可谓是智者的行为，因为不生气才是聪明人的选择，而生气只不过是愚者的本性。生活中总是有着我们不如意的事情，有可能是被别人奚落了，有可能是自己最珍贵的东西被别人损坏了，但是，即使面对这样一些令人生气的事情，我们依然有所选择，可以选择生气，更可以选择不生气。

情绪启示

哲人这样形容生气带来的愤怒情绪：一个人在生气时就像是在喝酒一样，一旦喝下了第一杯，就会一杯接着一杯喝下去，最后，越喝越醉。于是，那些容易生气的人愚蠢地陷入了愤怒的情绪里，难以摆脱，最终，只会被生气的情绪所吞噬。如果知晓这样的道理，聪明的人是不会选择生气的，往往只有那些愚者才会选择生气。

1.生气的后果很严重

一位研究情绪的心理学家曾这样告诉人们：“生气是一种最具破坏性的情绪，它所给人们带来的负面情绪可能远远超过我们的想象。”无疑，生气的情绪，对于我们生活来说，犹如一颗定时炸弹，将严重影响我们的正常生活，使生活失去了原本平和的美丽。一个人在生气时，他的所作所为都是没有经过大

脑思考的，容易冲动，虽然，怒气在发泄的那一瞬间是顺畅的，但是，后果却需要我们为自己买单。

2.克制内心的坏情绪，做一个智者

聪明人深知，即使生气了也挽回不了什么，徒增许多怨气，于是，他们选择了不生气；愚蠢的人，他们总是看到事情的表面，凡事喜欢生气，总认为生气是自己的权利，殊不知，时间久了，生气成为了自己的本性。做一个聪明人，还是愚蠢的人，关键是看你如何去选择。学会做一个智者，克制住内心的愤怒，不要生气，千万不要因为生气而说出愚蠢的话，做出愚蠢的行为。

◆生活中需要阿Q精神

阿Q似乎是一个并不陌生的名字，在鲁迅先生的描绘下，他跃然于纸上。而对于阿Q精神，人们却褒贬不一，有人感到不屑，把它当作民族的劣根性；有人却崇尚于阿Q精神的积极性，甚至，有人坦言："生活中需要阿Q精神。"很多时候，我们会发现，阿Q不仅出现在鲁迅先生的小说里，他还经常出现在生活中，或许，在我们身边就有这样一个人。在阿Q身上，有一个引人注目的特点："在任何挫败或生气时都会以虚幻的胜利感来安慰自己或欺骗自己。"由此而延伸，人们将这一种情绪调节法称为"阿Q精神胜利法"。在现实生活中，良好的情绪是需要那么一点阿Q精神胜利法的，或许，我们可以说阿Q精神胜利法是调节情绪的有效方法，如果我们能运用恰当，那么，良好的情绪会助我们走向成功之路。

在未庄，阿Q是一个极其卑微的人物，在他看来，整个未庄的人都不在自己的眼里。赵太爷进城了，阿Q并不羡慕，还说出了自尊自大的话来："我的儿子将来比你阔得多。”阿Q进了几回城，变得十分自负，甚至，有点瞧不起城里人，遇到别人嘲笑自己头上的癞头疮疤时，阿Q也不生气，反而以此为荣，笑着回答：“你还不配。”

在未庄，阿Q经常被欺负，有时候，他被一些闲人揪住辫子往墙上碰，他就会说：“打虫豸，好不好？我是虫豸，你还不放？”有人说：“阿Q，你怎么如此自轻自贱？”阿Q听了也不生气，反而自诩“自轻自贱第一名”，毕竟所谓的状元不也是“第一名”吗，那么，自己的这个名号似乎并不吃亏。

遇到与别人打架的时候，如果是自己吃亏了，阿Q也不生气，心想：“我总算被儿子打了，现在世界真不像样……”于是，本来愤愤不平的心里也得到了满足，以胜利的姿态回去了。赌博赢来的钱被人抢走了，阿Q也不气恼，如果没有办法摆脱“闷闷不乐”，他就自己打自己，这样感觉被打的是“另外一个”，这样，阿Q在精神上又一次转败为胜。

精神胜利法就如同麻醉剂，让阿Q一次次摆脱内心的烦恼，变得无比的快乐。阿Q依然是阿Q，面临绝望的物质困境，惟有用精神来安慰自己。现实生活中的我们，依然可以用阿Q精神来摆脱不良情绪的困扰：受到了他人的辱骂，想到，幸好失去内涵修养的人是他而不是我；受到了不公正的待遇，至少我能公正地对待一个人。以精神上的胜利来安慰生气的自己，这样一来，内心的愤怒情绪就会消失不见。

情绪启示

在小说里，阿Q的形象看起来似乎很可笑，但是，在一个充满苦难的年代，阿Q只能以无奈的方式来维护自己活下去的信心与勇气。对此，有心理学家研究了阿Q的行为特点，并表示“阿Q精神胜利法实际上是一种自我心理调节，对人们调节心理或情绪十分有帮助”。当然，我们所获取的是阿Q精神胜利法的积极面，比如，遇见令人生气的事情，幽默一笑，不仅快乐了自己，而且将快乐带给了别人。这样看来，阿Q并不是耍贫嘴，而是玩魔术，他所制造并享受到的快乐，实际上比那些所谓的有钱人更多。

1.学会自我安慰

孔子曾这样评价自己的得意门生—颜回：“一箪食，一瓢饮，居陋巷，人不堪其扰，回也不改其乐。”颜回以求道为乐，他获得了其乐融融的生活。虽然，阿Q与颜回相差十万八千里，但是，他们有一个共同的特点，他们都游刃有余地掌握了快乐的哲学，学会了调节情绪的有效方法。的确，那些掌握了精神胜利法的人，是不会生气的，或者，即使他心中有气，却仍然为精神上的胜利而变得快乐起来。

2.心胸放宽

日常生活中，我们常听到：“真是，差点被气死了。”其实，人之所以被气死，主要原因是在于自己心胸狭窄。三国时期，周瑜才能过人，但终因自己心胸狭窄，在诸葛亮的“攻心”之下被活活气死，临终前，他还发出“既生瑜，何生亮”的感叹，或许，周瑜至死都不知晓精神胜利法的存在。同样是拥有卓越才华的司马懿，却善于运用阿Q精神，即使诸葛亮派人给司马懿送去了“巾帼女衣”对其进行羞辱，司马懿却丝毫不生气，反而笑着对下面的人说：“孔明视我为妇人焉。”若无其事，将阿Q精神发挥到极致，由此，不得不承认，阿Q精神可以有效地避免自己生气，所以，学学阿Q精神，学做一个不生气的智者。

◆ 理性看待事情，不被坏情绪左右

无论何时何事，都不要轻易否定，存在即有其合理性。当我们学会理智地看待事物，不被情绪所左右的时候，那我们所激发的就是情绪正能量。在生活中，许多人习惯于感情用事，遇到生气或愤怒的时候，常常是脸红耳赤，恨不得把心里所有的消极情绪都发泄出来；若是遇到消沉的时候，就一蹶不振，自暴自弃，随意贬低自己。其实，若凡事都以感性对待，很有可能会模糊事情的真相，甚至做出一些后悔的举动。所以，面对事物需理智对待，像余秋雨先生一样，任何事任何人都要给予一个申辩的空间，而面对情感，需要感性释放，因为，情感压抑得太久，有可能会导致心理疾病。

朋友芬妮是一位脾气暴躁，情绪容易激动的女孩子。由于她的坏脾气，交往多年的男朋友也离开了她，朋友们都为她感到惋惜，而芬妮自己似乎也感到了自己脾气的坏处，有一天，芬妮特地找到我，说："如何才能改掉我的坏脾气呢？"我以前曾在哈佛大学学习过，熟悉一些心理学方面的知识。

我想了想，拿出了两个透明的刻度瓶，然后分别装上了一半刻度的清水，随后又拿出了两个塑料袋。芬妮帮我打开了，发现里面是白色和蓝色的玻璃球，我对芬妮说："当你生气的时候，就把一颗蓝色的玻璃球放到左边的刻度瓶里；当你克制住自己的时候，就把一颗白色的玻璃球放在右边的刻度瓶里。最为关键的是，现在，你应该学会理性控制自己的情绪。"

芬妮一直照着我的建议去做，过一段时间，我和芬妮一起把两个瓶中的玻璃球都捞了起来，我们发现，那个放蓝色玻璃球的水变成了蓝色，这时，芬妮才知道那些蓝色玻璃球是我把水性蓝色涂料染到白色玻璃球上做成的，这些玻璃球放到水中以后，蓝色染料溶解到水中，水就变成了蓝色。我趁机对芬妮说："你看，原来的清水投入'坏脾气'中，也被污染了，同样的道理，你的言行举止也会感染人，就像这个玻璃球一样，所以，一定要理智控制好自己的言行。"

当我再一次拜访芬妮的时候，我惊喜地发现，那个放白色玻璃球的刻度瓶竟然溢出了水。其实，我教会芬妮的方法就是"把自己当成一个思想的旁观者”，这样有助于我们理智地面对事物。渐渐地，芬妮学会了把自己当成一个思想的旁观者，生活开始步入正轨，听说，最近她交了一个男朋友，生活对于她来说，似乎变得越来越美好了。

在生活中，总是有一些不如意的事情，当你要发脾气的时候，应该做的第一件事是尽量让自己安静和放松下来，先以理智的眼光来审视问题，想一想目前出现了什么情况，而不是顺其自然地乱发脾气，被情绪牵着走。如何理性地对待事物？那就是学会换位思考，或者直接置身事外。

情绪启示

不管发生了什么事情，不管自己处于怎么样的位置，我们都需要好好把握积极情绪带给我们的力量，而不是自寻烦恼，任自己被负面情绪所困扰。这是因为只有积极情绪才会激发出正能量，消极情绪只会带领我们走进痛苦的深渊。

1.理性看待事物

理性面对事物，我们应该学会反思，我们在面对许多事情的时候，往往是感性反应先于理性反应，所导致的结果是常常看不到事情的本质，而模糊了事情的真相。所以，每次感性冲动的时候，我们都应该认真反思自己的行为与观点，时间长了，就会逐渐改变自己的思维习惯，把自己置身于事情之外，使自己更加理性地看待事物。当然，任何时候，我们都需要感性释放情感，因为这是人之常情。

2.看待事情，一分为二

面对历史上臭名昭著的奸臣秦桧，余秋雨也给了一个申辩的空间：“有时，人品低下，节操不济的文士也能写出一笔矫健温良的好字来，据我所知，秦桧和蔡京的书法实在不差！”

◆ 我的心情我做主

心理专家说：“其实每个人都生活在自己的围城里，巨大的竞争压力使人们渐渐忘记了自我欣赏和肯定，进而迷失了寻找自我意识的目标和方向。”其实，快乐是一种由心而生的乐观心态，它来源于人们克服困难的勇气和对生命归宿的信仰。同样的道理，情绪也是由心生，同时，也是由心来控制。那么，我们将如何调整情绪，给自己一份快乐的心情呢？当然，快乐的资本并不在于财富的多少，而是与人们信念、家庭、自我价值感和个人情绪有关，好心情是个人愿望达成之后的积极态度体验，因此，合理的期望将直接决定着快乐的程度。

有一个小女生从小生长在孤儿院，她常常悲观地问院长：“像我这样的没人要的孩子，活着究竟有什么意思呢？”每次，院长总是笑而不语。

有一次，院长交给女孩一块石头，对她说：“明天早上，你拿这块石头到市场上去卖，但不是真卖，记住，无论别人出多少钱，绝对不能卖。”第二天，女孩拿着石头蹲在市场的角落，发现不少人对她的石头感兴趣，而且，价钱越出越高。回到孤儿院，女孩兴奋地向院长报告情况，院长笑了笑，吩咐她明天拿到黄金市场上卖。在黄金市场上，有人出比昨天高十倍的价钱来买这块石头。

后来，女孩又将石头拿到宝石市场上展示，结果，石头的身价又涨了十倍，可是，女孩怎么都不卖，人们将那块石头都视为“稀世珍宝”。女孩高兴地捧着石头回到孤儿院，向院长问道：“为什么会这样呢？”院长望着孩子缓缓说道：“生命的价值就像这块石头一样，在不同的环境下就会有不同的意义。一块不起眼的石头，由于你的珍惜而提升了它的价值，竟被传为稀世珍宝，你不就像这块石头一样吗？只有自己看重自己，珍惜自己，生命才有意义。”

如果自己都不看重自己，不珍惜自己，别人为什么会看重你呢？生命的价值往往取决于自己的心态，你珍惜自己，看重自己，别人才会认同你的价值。乾隆皇帝下江南的时候，站在桥头之上，问身边的大臣：“桥下熙熙攘攘的船有多少条？”大臣回答说：“两条，一条是名，一条是利。”船尚且如此，更何况是人呢？人们往往为名所累，因欲海无边而算计，为生计而忙碌奔波，他们常常因为这样或那样的事情而生气，灰心丧气、情绪失落、患得患失，其实，人生苦短，怎能让苦恼常相伴呢？

汉姆嗜酒如命，有好几次都差点没命了。有一次，他在酒吧里看到一个不顺眼的酒保，当即就杀了他，因而被判了死刑。汉姆有两个女儿，年龄相差一岁，其中，一个女儿跟汉姆一样染上了毒瘾，平日靠偷窃和勒索为生，同样也由于犯罪而进了监狱。可另外一个女儿却截然相反，她在一家公司担任经理，有着美满的婚姻和可爱的孩子，不仅没有吸毒，在她身上连不良行为都很难发现。

为什么同一个父亲，在完全相同的环境下长大，两人却有着完全相反的命运呢？在一次电视访问中，当记者问道造成她们现在状况的原因，两人回答却是惊人地相似：“有这样的父亲，我还能有什么办法？”

在生活中，许多人认为有怎么样的环境就会造就什么样的人生，其实，这并不是绝对的，因为无论是情绪还是心态都是由我们自己的心所决定的。面对同样的父亲，一个女儿选择了自暴自弃，一个女儿却选择了拼搏，不同的心态，铸就了她们截然相反的人生。

情绪启示

有两位老太太，在生命的最后旅程里，一位选择坐在家里，足不出户，颐养天年；一位开始学爬山，并在95岁高龄时登上了日本的富士山，打破了攀登此山年龄的最高纪录。情绪大多数来源于人们看待事物的方式，一旦理解上出现了问题，往往会产生不正常的情绪反应，从而导致情绪不佳。事实上，情绪由心而生，亦由心来主控，所以，别生气，争做情绪的主人。

1.拥有好心态

哲人说："要么你去驾驭生命，要么是生命驾驭你，你的心态决定谁是坐骑，谁是骑师。"最快乐的人并不会觉得一切东西都是最美好的，他们只是满足于自己所拥有的一切；最快乐的人并不会觉得人生就是一帆风顺的，而是用积极的心态来面对生活。其实，决定一个人命运的关键就是心态。

一个人要想主宰自己的人生，那就必须培养自己的良好的心态。当一个人有了良好的心态，才能控制其情绪，才能享受生活赋予的快乐和幸福，不要让消极的念头占据你的思想，在任何时候都应该保持积极乐观向上的心态。

2.争做情绪的主人

人生并非只有愤怒和无奈，因为情绪是可以由我们自己去把握和调控的，情绪是人生的控制塔，一个人有什么样的心态，就会有什么样的生活和命运。自然，情绪与心态是相同的，有乐观心态的人，他们的情绪大多时候都会处于平和状态；有悲观心态的人，他们情绪大多时候都会处于抑郁状态。但是，无论一个人多么的有能力，如果缺乏好的心态，就什么事情都做不成。良好的心态能产生巨大的力量，有了它，我们就能把握自己的命运，从而实现人生的理想。我的心情我作主，要想做情绪的主人。

◆ 积极暗示，摆脱坏情绪

自我暗示，也就是自己主动自觉地通过言语、手势等间接含蓄的方式向自己发出一定的信息，使自己按照自己示意的方向去做。事实上，心理学家认为，自我暗示有消除恐慌和消极心态的功能。美国心理学家威廉斯说：“无论什么见解、计划、目的，只要以强烈的信念和期待进行多次反复地思考，那它必然会置于潜意识中，成为积极行动的源泉。”在某电视台，一位著名的主持人这样告诉人们他的成功秘诀：“我以前不过是工厂里的一名小职员，这辈子之所以能走到今天，是源于自己的一个小秘诀，每次发生糟糕的事情，我总是安慰自己：一切都会好的，事实原来比这个更糟糕。”其实，主持人所说的秘诀，实际上就是一种自我暗示，在苏联电影里，警卫员瓦西里坚定地告诉妻子：“面包会有的，牛奶会有的，一切都会有的。”这其实也是一种心理暗示，积极的心理暗示可以让我们摆脱坏心情的枷锁，重新找回久违的快乐。

一位哲人见生活贫困的朋友整天愁眉苦脸，一脸苦相，他就希望自己能够找出一个方法让朋友重新快乐起来。但是，无论哲人怎么说，那位贫困的朋友就是快乐不起来，反而认为哲人是在奚落自己。为了让朋友接受自己的建议，哲人想出了一个好办法，他对那位朋友说：“你愿不愿意离开你的妻子？愿不愿意丢弃你的孩子？愿不愿意拆掉你的破房？”那位贫困的朋友坚决地摇摇头，哲人接着说道：“对啊！你应该庆幸自己有一位默契的伴侣，庆幸自己有一个可爱的孩子，庆幸自己有一间温暖的旧屋，你应该为此感到高兴啊！”听了哲人的话，那位朋友的愁苦脱离了眉梢，忧郁离开了额头，重新开始快乐起来。

试想，如果没有哲人的帮助，也许，那位贫困的朋友依然愁眉苦脸。他始终不能摆脱坏心情的枷锁，是因为他不懂得自我暗示，如果他告诉自己“你要快乐起来”“快乐才是你所需要的”“贫困只是暂时的，一切都会好起来的”，那么，在这样的不断暗示下，他会发现即使是拮据的生活依然可以令自己由衷地快乐。

其实，一个人的快乐与不快乐，通常不是由客观条件的优劣来决定的，而是由自己的心态以及情绪来决定的。在生活中，无论遇到多么糟糕的事情，不要沮丧，不要生气，暗示自己：一切都会好起来的。那么，我们就可以从那些困难、不幸中重新挖掘出新的快乐来。

1998年7月21日晚，在纽约友好运动会上意外受伤后，默默无闻的、17岁的中国体操队队员桑兰成为了全世界最受关注的人。那确实是一个意外，当时，桑兰正在进行跳马比赛的赛前热身，从她起跳的那一瞬间，由于外队教练的一个“探头”动作干扰了她，导致她动作变形，从高空栽倒到地上，而且是头着地。个性温顺的桑兰在遭受到如此重大的变故后却表现得相当乐观：“我相信一切都会好起来的。”她的主治医生说：“桑兰表现得十分勇敢，她从来不抱怨什么，对她我能找到表达的词语是‘勇气’和‘乐观’。”

或许，正是那份积极的心理暗示铸就了她坚强、乐观的性格，美国称她是“伟大的中国人民光辉形象”，在美国住院的日子里，许多美国民众都会去看她，并不只是因为她受伤了，而是为她的精神所感染。是的，一切都会好起来的，在这样的信念下，桑兰逐渐好了起来，直到今天，她依然没有离开世界人民的视线。

美国心理学家霍特曾举过这样一个例子：有一天，弗雷德感到自己的心情很差，以前，在这样的时候，他通常都是把自己关起来，不见任何人，直到心情变好为止。但是，这天，弗雷德知道公司要举行重要的会议，所以，他决定装出快乐的样子。在会议上，他笑容可掬，心情看起来十分愉快，不过，令他自己感到奇怪的是，没过多久，他发现自己真的摆脱了坏心情的枷锁。

情绪启示

其实，这就是一种心理暗示，不管自己的心情有多坏，都要告诉自己：一切都会好起来，表现出一副快乐的样子，到时候你就会发现自己真的摆脱了坏心情，变得快乐起来，这就是积极心理暗示的作用。

1.一切都会好起来

在生活中，我们每个人都有遭遇坏心情的时候，可是，我们应该清楚这一点：如果我们没有办法改变事情，那就改变心情吧。时刻给予自己这样的忠告：一切都会好的，不管多么生气、愤怒，依然没有办法改变事情，那么，不如选择一份好心情吧。当然，在很多时候，“一切都会好的”，无疑于自我安慰，甚至，有的人说这是“自欺欺人”。哪怕是自欺欺人，但我们能获得平和的情绪，那又何乐而不为呢?

2.积极的暗示是一种自我安慰

坏心情，将会影响我们大脑的正常思考，麻痹我们的神经，使我们变得越来越堕落。如果任由这样的状态下去，不仅做不好任何事情，反而会把自己推向深渊。但是，一份平和的情绪，有助于我们寻找到一切解决问题的办法，那么，即使是安慰自己、欺骗自己，但我们能有希望解决问题，这才是行之有效的办法。那么，在生气或愤怒的时候，给予自己积极的暗示，或许，一切事情真的会好起来了。

中篇

排出负面情绪，让身心尽情放松

现代社会，人们的生活压力普遍很大，负面情绪自然而然也就增多了。焦躁、怨恨、抑郁等，假如负面情绪无法及时得到排解，就很容易对身体造成伤害，那么控制或是排除这些不良情绪的方法对于人们来说是必备的生活技巧。

第7章
别让愤怒的魔鬼控制你：再愤怒也不能失控

很多时候，人们害怕愤怒会控制自己，所以，他们会产生一种错觉，对付愤怒只有将愤怒扼杀这一种方式。其实，人们应该了解，自己可以愤怒，但却不一定要表现出来。即使在愤怒的时候，自己也可以做出明智正确的选择。

◆ 困难面前不要愤怒，冷静才能反败为胜

智者说：“在成功的路上，最大敌人其实并不是缺少机会，或是资历浅薄，成功的最大敌人是缺乏对自己情绪的控制。”弱者任思绪控制行为，强者让行为控制思绪。在困难面前，许多人容易心浮气躁，进行了多次挑战都无法战胜困难，他们就会变得气急败坏，在他们心灵深处，有一种力量使他们感到茫然不安，让他们无法冷静地思考，这种力量就是愤怒、生气。生气不仅是成功最大的阻碍，而且还是各种心理疾病的根源，并不断地影响我们的日常生活和工作。一个人在愤怒的那一瞬间，智商是零，过一阵子才会恢复正常，而这将对我们的正常思维造成恶劣的影响，没有办法冷静下来，从而没有办法思考出解决问题的有效方法。在任何时候，一个人都需要冷静，尤其是在困难面前，冷静使人清醒，它能够使人有条不紊、沉着地应对所发生的一切。所以，

面对困难，不要气急败坏，只有冷静才能让我们转败为胜。

有一个小男孩，他在10岁时遭遇了一次车祸，不幸的是，他在这次车祸中失去了左臂。这巨大的不幸让男孩几乎连生活自理都成为了问题，但是，他却有一个小小的心愿，那就是学习柔道。几经辗转，男孩有幸拜在了一位日本柔道大师的门下，开始学习柔道，他格外珍惜这个学习的机会，每天勤学苦练。可是，令男孩感到不解的是，自己学了三个月了，师父却只教了一招。有一天，男孩终于忍不住问大师："我是否应该再学学其他招数？"大师却摇摇头回答说："不错，你只学会了一招，但是，你只需要学会这一招就足够了。"

几个月后，师父带着小男孩去参加比赛，比赛开始之前，师父只是嘱咐："冷静，一定要冷静！"就连小男孩自己都没有想到，只凭着那仅有的一个招数，据让轻松地进入了决赛。决赛开始了，对手比小男孩高大、强壮，似乎比他更有经验，一看这架势，小男孩就心虚了。比赛一开始，小男孩就有点招架不住，这时，师父那句话响了起来："冷静，一定要冷静！"小男孩长长呼出一口气，慢慢等待，后来，对手逐渐放松了戒备，这时，小男孩立即使出了自己的绝招，制服了对手，赢得了冠军。

回家的路上，小男孩满腹疑虑："师傅，我怎么凭一招就能赢得冠军呢？"师父缓缓回答道："有两个原因，第一，你基本掌握了柔道中最难的一招；第二，对付这一招唯一的办法就是抓住你的左臂，可是，你没有左臂。孩子，有的时候，人的劣势并不是什么坏事，凡事只要你冷静应对，便可以转败为胜。"

在挫折与困难面前，跌倒了，爬起来，这是一种勇气，但是，对于成功来说，勇气并不是最关键的因素，因为成功所需要的是比勇气更珍贵的那份冷静。失败了，我们所需要做的不仅仅是重新站起来，更关键是学会梳理自己的情绪，冷静地分析、总结失败的原因，这样我们才能避免摔更大的跟头。一个人在面对困难的时候，总是心浮气躁，气急败坏，那么，这个人终会失去自我。在任何事情面前，我们都应该拥有冷静的头脑，因为只有冷静，才有可能使我们转败为胜。

情绪启示

在法庭上，律师拿出了一封信向洛克菲勒问道："先生，你收到我寄给你的信了吗？你回信了吗？"洛克菲勒冷静地回答："收到了，没有回信。"这时，律师又拿出了二十几封信，逐一向洛克菲勒询问，而洛克菲勒都以同样冷静的表情、相同的语调给予了回答："收到了，没有回信。"终于，律师控制不住自己的情绪了，他开始暴跳如雷不断咒骂，最后的结果出乎人们的意料，法庭宣布洛克菲勒胜诉，因为律师因情绪失控而让自己乱了章法。

1.冷静，让你转败为胜

从洛克菲勒的例子中，我们可以看出，冷静对于一个人成功的重要性。有人甚至这样总结法庭上的律师：令你的对手发怒，失去冷静，那么，你就已经开始转败为胜了。当然，同样的条件下，自己则需要保持冷静的头脑。

2.愤怒的情绪不可有

一个人，若是能够控制好情绪，保持冷静，就可以化阻力为助力，化险为夷；相反，若是不能掌控好情绪，容易被激怒，就有可能陷入危险的境地。有人说："一个能控制住不良情绪的人，比一个能拿下一座城池的人还要强大。"情绪不仅是心灵健康的庇护神，而且，它常常是我们决胜的关键，因为在关键时刻，我们需要保持冷静，以最平和的情绪来面对一切。面对强劲的对手，有时候，我们采用何种手段并不重要，至关重要的是控制好自己的情绪，保持冷静。

◆ “隔岸”观怒火

有一位智者，他脾气十分温和，几乎从来不生气。弟子好奇地问他：“师父，难道你就这样永远不会生气吗？”智者微微一笑：“生气是什么呢？每当事情发生了以后，我都会告诫自己，事情可以比现在更糟糕，看来，我还是算幸运的，所以，有什么值得生气的呢？如果是有人犯了错误，本身错误在于他自己，我何必要生气呢？每天，生活的快乐，我都来不及感受，哪有什么时间来生气呢？”

有一天，七里禅师正在蒲团上打坐，突然，一个强盗闯出来，拿着一把明亮的刀子对着他的脊背，说：“把柜里的钱全部拿出来！否则，就要你的老命！”七里禅师似乎并不害怕，只是缓缓说道：“钱在抽屉里，柜里没钱，你自己拿去，但要留点，米已经吃光，不留点，明天我要挨饿呢!”那个强盗拿走了所有的钱，在临出门的时候，七里禅师说：“收到人家的东西，应该说声谢谢啊！”强盗转过身，说：“谢谢。”霎时间，他心里十分慌乱，几乎从来没有遇到这样的事情，这使他失去了意识，愣了一下，才想起不该把全部的钱拿走，于是，他掏出一把钱放回抽屉。

没过多久，这个强盗被官府捉住，根据他所提供的供词，差役把他押到七里禅师的寺院去见七里禅师。差役问道：“几天之前，这个强盗来这里抢过钱吗？”七里禅师没有生气，微微一笑，说道：“他没有抢我的钱，是我给他的，临走时也说声谢谢了，就这样。”强盗被七里禅师感动了，只见他咬紧嘴唇，泪流满面，一声不响地跟着差役走了。

这个人在服刑期满之后，便立刻去叩见七里禅师，求禅师收他为弟子，七里禅师对他没有半点怒气，只是摇摇头，不答应。这个人长跪三日，七里禅师终于收留了他。

生活中，总是有这样或那样不如意的事情，有可能会挑动起我们心中的怒火，但是，当你在生气的时候，是否意识到自己是在被情绪牵着鼻子走呢？当心中怒火开始蔓延的时候，我们应该做的第一件事就是尽量让自己安静和放松下来，冷静地思考现在到底出现了什么样的情况，而不是顺其自然地让“怒火”蔓延开来，自己被情绪牵着走。

情绪启示

普鲁斯特说：“愤怒不能同公道和平共处，正如鹰不能同鸽子和平共处一样。”人们在所做的每一件事情中，并没有涉及如何去控制自己的怒火，而是意识到“怒火”带来的危害性，在这种思想的慢慢渗透下，就会逐渐改掉了自己的坏脾气，认识到了“救火”的重要性。慢慢地，学会把自己当作一个思想的旁观者，开始清楚地认识“生气”，领悟到在生活中许多事情是不值得生气，或根本没有去生气，这样一来，生活步入了正规，生活也变得越来越美好了。

面对任何事情，我们都不要随意发火、生气，因为常常是生气容易，“救火”却难上加难，尤其是因生气所造成的后果，更是我们难以去控制的。试想，一场大火，若不及时处理，会怎么样呢？

1.置身局中，无疑是火上浇油

从“隔岸观火”，智者清楚地认识了“生气”，从而也知道了救火的重要性。在现实生活中，我们常常为一些琐碎的小事而生气，这时候，我们成为了当事人，局中人，整个人被愤怒的情绪所困扰，若是事态变得严重，怒火则会“火上浇油”，甚至，难以控制火势的蔓延。

2.理性看待问题，给自己申辩的空间

可能我们都有过“隔岸观火”的经历，当同样的事情发生在家人或朋友身上的时候，我们会清楚地意识到：当事人是没有必要生气的。可是，事情到了自己头上，为什么就看不清楚呢？这时候，需要我们理性地看待问题，重新梳理自己的逻辑，给自己一个申辩的空间，从而完成自己的逻辑推演过程。

◆ 发怒，是用别人的错误惩罚自己

德国哲学家康德说："发怒，是用别人的错误来惩罚自己。"在现实生活中，喜欢生气的人不在少数，可是，当有人问道："你为什么生气？"他们却支支吾吾，答不上来，似乎我们已经忘记了自己生气的初衷是为了什么，气是怎么样一点点冲起来的，他们也不知道。有人对此做过了一项调查，那些经常生气的人，他们从来不重视生气的理由，如果详细地询问他，他会给出一些不是理由的理由，诸如"我就是看他不顺眼""凭什么，他就表现得那么嚣张，我气不过"，等等。在理由的阐述过程中，他们所提到最多的都是"他"，其实自己的利益根本没有受到任何的损失，生气只是因为"他"的错误。这时候，你才会发现，自己生气真的是用别人的错误来惩罚自己。那么，何必要用他人的错误，在自己心中点一把火呢？

有一天，佛陀在竹林休息的时候，突然，有一个婆罗门闯了进来，由于同族的人都出家到佛陀这边来，这位婆罗门对此感到很生气。见到了佛陀，婆罗门就开始胡乱责骂，佛陀并没有说话，等到他将心中怒气发泄完以后，安静了下来，佛陀才说："婆罗门啊，在你家偶尔也会有访客吧！"婆罗门感到很奇怪："当然有，你何必这样问？"佛陀笑了，说道："婆罗门啊，那个时候，你也会偶尔款待客人吧。"婆罗门点点头："那是当然了。"佛陀继续说道："婆罗门啊，假如那个时候，访客不接受你的款待，那么，这些菜肴应该归于谁呢？"婆罗门想也不想，就回答说："要是他不吃的话，那些菜肴只好再归于我！"

佛陀看着他，又说道："婆罗门啊，你今天在我的面前说了这么多坏话，但是，我并不接受它，所以，你的无理胡骂，那是归于你的！婆罗门，如果我被谩骂，而再以恶语相向的时候，就犹如主客一起用餐一样，因此，我不接受这个菜肴。”然后，佛陀说了这样几句话：“对愤怒的人，以愤怒还牙，是一件不应该的事情。对愤怒的人，若是不以愤怒还牙的人，将可以得到两个胜利：知道他人的愤怒，而以镇静自己的人，不但能胜于自己，也能胜于他人。”婆罗门接受了这番教诲，并出家于佛陀门下，后来，他成为了阿罗汉。

佛陀告诉我们：“在不顺利的境况下，能够做到不生气，不发怒，这本身就是一种生活智慧。”最近，在朋友中流行着这样一句话：我生什么气！我生气是拿你的错误来惩罚我自己。与其耗费多余的精力去生气，不如好好打理自己的心情。心由境造，我们所面对的是一个多变的世界，可能，我们改变不了环境，但是，我们却可以改变自己；可能，我们改变不了事实，但是，我们可以改变态度。正所谓“大肚能容天下难容之事，笑天下可笑之人”，如果你知晓了这个道理，那还有什么气可生呢？

因为同事在工作上对自己十分无礼，娜娜感到非常生气。而且，由于自己是刚刚到这家公司上班，还没有找到可以畅谈内心感受的同事。于是，她将气愤的情绪带回了家中，回到家里，娜娜一个人坐在沙发上生闷气，越想越生气，甚至，内心有一种冲动：干脆辞职吧，这样的同事，以后怎么一起共事？

正在这时，电话铃声响了，原来是自己的闺蜜雯雯，在电话里，雯雯邀请娜娜周末一起逛街，娜娜没好气地回应一声：“哦。”雯雯似乎从语气中听出了不快，关心地问道：“出了什么事情吗？今天工作不顺利？”这话可问到了点上，于是，娜娜一股脑儿把心中的苦闷说了出来，没想到，电话那边却传来了一阵笑声，娜娜有些生气：“我正生气呢，你还这样嘲笑我。”雯雯笑着说：“娜娜，你没有听说过吗，最近很流行这样一句话，生气是拿别人的错误来惩罚自己，既然错在你同事，你生什么气呢？看你在家气得不吃饭，不开心，说不定你的同事这会还很开心呢，别想那些事情了，都是小事一桩，不值得生气。”听了雯雯的分析，娜娜明白了，自己真的陷入了不良情绪之中，生什么气呢，该干什么就干什么去吧。

的确，当自己生气的时候，不妨冷静细想，自己生气是不是大多数是为他人呢？真正的错误并不在自己，何必要在自己心中点一把火呢？这值得吗？那些令自己生气的事情已经过去很久了，还在为它生气，这又是何必呢？在更多的时候，我们都是拿别人的错误来惩罚自己，而在惩罚自己的同时，也达不到纠正别人错误的目的。所以，与其拿别人的错误来惩罚自己，倒不如让自己良好的美德来显示对方的缺陷。

情绪启示

生气是对自己的惩罚，有人对此不理解，生气所发泄的对象都是别人，怎么自己还成为了惩罚对象呢？其实，不然，你若理解生气对一个人健康的危害性，你就明白了，什么叫作惩罚了。

心理学家埃尔马进行了一个简单的实验：把一只玻璃管插在盛有水的容器里，然后让实验者把气吐到水里，以此收集人们在不同情绪状态下的“气”水。通过实验结果发现：一个心平气和的人吐出来的气进入水中，水澄清透明，一点杂色都没有；一个有点生气的人吐出的气进入水中后，水会变成乳白色，而且，水底还有沉淀；一个怒发冲冠的人吐出的气进入水中，水会变成紫色，水底有沉淀。

心理学家埃尔马将那紫色的“气”水抽出部分注射在小白鼠身上，没想到只过了几分钟，小白鼠就死了。对此，他得出了这样一个结论：一个人在生气时，体内会分泌出许多带有毒素的物质。这样，想来大家明白生气是拿别人的错误来惩罚自己了吧。

◆ 百气自生，找到怒火的导火索

俗话说：“百气自生。”气是什么？它是一种情绪反映，一个人内心的“怨气”往往是自生的，并不需要我们自己决定是否该生气。有位朋友常常不解地诉说自己的困惑：“昨天晚上又和他生气了，本来可能只是一件小事，但是，后来就演变成大的灾难，直到睡觉前，我眼中还有泪，可是，今天早上一起床，我就感到很迷惑，怎么昨晚就吵起来了呢？我根本没有想过要生气啊，怎么就生气了呢？”在很多时候，愤怒情绪的发泄，已经让我们忘记了生气的真正导火索是什么，好像我们在生气时根本没有想过这个问题。直到生气完毕之后，我们才意识到，当初是为什么生气呢？所以，在任何时候，我们需要理解“百气自生”，学会清理自己生气的导火索，这样才会帮助我们抑制内心的怒火。

其实，在大多数情况下，当我们无意中说：“当时生气真的是因为一件小事，我也想不起来为什么生气。”事实上，那所谓的“一件小事”不过是导火索，在这之前，我们心中可能郁积了一些气，在这样的情况下，一旦遭遇了导火索，怒气便一下子发泄出来了。

心理学家有这样一个秘诀，当一件对自己具有副作用的事情来临，你可以思考一些问题，以此帮助找到生气的导火索，消灭心中的怒火。也就是说，在你生气之前，需要先问自己下面12个问题：

（1）我有改变的余地吗？

（2）我改变它消耗的与能够换来的成比例吗？

（3）我放弃和容忍的损失具体是什么？

（4）如果损失的可以折算成金钱的利益，我会那么需要和依赖这些钱财吗？

（5）如果损失的是增加名声的得分，我会那么需要和依赖这些名声吗？

这些增加的名声最终解决了我的什么？

（6）如果损失的是减少名声的得分，有多少人关注这件事，自己不计较是否天下本就没人在意？

（7）即使事关气节，若干年后公论不能回来吗？

（8）更多的时候，我们的情绪是否来自最亲近的人和最琐碎的事？

（9）除了跟最能接受自己的人发泄，我们还有什么能耐？

（10）除了这些最不值得关注的琐事，难道我们没有更有意义的事情去关注、思考、努力吗？

（11）长城还在，秦始皇在哪里？

（12）苏格拉底死了，他大概在笑话我们活着的莫名其妙忧郁的人吧？

一个胸中怀有宏大志向的人，是不应该过于被琐事纠缠的，在这个世界上，本来就没有多少事情值得我们去计较。在现实生活中，绝大多数的事情都是“不过如此”，有什么值得生气的呢？从一个人的内心来讲，他是不太愿意忧郁、烦恼、生气，更不愿意愤怒，当然，谁都不愿意生气？到底是什么事情在困扰着我们呢？如果我们内心真正地想清楚了，想放下心中的怨气，其实这并不困难，生气是没有必要的。当你明白了自己生气的导火索，你会发现，那真的不是什么大事，是可以解决的，生气只不过是一种发泄，并不会帮助我们解决问题，我们所需要做的是将生气的时间和精力，更好地运用到如何解决问题这件事情上。

情绪启示

为了更有效地找到自己生气的导火线，同时，帮助自己消灭心中的怒火，对此，心理学家提出了“情绪温度计”的说法。在日常生活中，我们需要养成平时记录自己情绪的习惯，每天，我们需要分几个时段来记录，而且，我们需要写下生气的理由，这样可以帮助自己察觉并检测到自己的情绪。如果说“生气”是自己生活中的常客，我们可以找出自己的“情绪温度计”，与心中的怒气来一场“心灵对话”，从而彻底地消灭怒气。

1.气由心生

一位常常生气的人开始回忆自己生气的过程：“早上，他就上班去了，我一个人在家，时而想想过去他的事情，想想横亘在我们之间那些悬而未决的事情，越想越生气，忍不住就发一条挑衅的短信给他，他通常都是不回，保持沉默。可是，他越是沉默，我就越是生气，我那时候就开始想象，晚上和他争论的场景。只要他一回来，我的每一句话，每一个动作就包含着浓重的火药味。对此，他常常告诉我，是我自己整天胡思乱想，自己生气，后来，我仔细回想了，的确，似乎那些‘怨气’就是自然而然从我心中滋生的，等到我发觉的时候，我本身已经在生气了。”

想必这样一个生气的过程会给我们自己的情况带来一些启示吧，每个人生气的具体情况不一样，但是，他们那种“气由心生”的过程却是惊人地相似。如果你现在开始探秘自己生气的导火索，你会惊讶地发现，那些所谓的怒火，其实纯碎是“自燃”。

2.有效使用情绪温度计

如何使用“情绪温度计”呢？首先，我们把“情绪温度计”的刻度设定在0~10分，把每天分成7个时段，比如，早上起床太晚，路上又遇到塞车，还没有进入办公室就和某同事吵架，那么，这一天，你只能给自己打2分；在了解了自己一天中情绪的起伏变化后，开始通过情绪记录去寻找原因，写上一段话总结，为什么今天打了7分？原来，今天收到了朋友的鲜花，心情感觉非常愉悦，以至于同事嘲讽了一句，自己也不生气。这样，情绪记录的时间长了，自然就培养出来了细微的观察力，就算是心中很细微的情绪，我们也会察觉到的。这样一来，我们就能顺利找到生气的导火索，从而破解心中的怒火。

◆ 以德报怨，化解内心怒气

以德报怨是一种宽容，维克多·雨果曾说：“最高贵的复仇是宽容。”宽容，会让我们忘记心中的仇恨，不再愤怒，甚至会以一种平静的心态面对事情的发展。生活中，能够以德报怨的人并不多，他们大多都是以怨报怨，对于别人的苛责或非难，他们从来不会忍受，心中的怒火很容易被激起，在激烈的情绪下，他们会采用恶语相向，以牙还牙的方式进行报复，结果弄得两败俱伤，甚至以此成为陌路人。最后这样的结果又何必呢？俗话说：“冤冤相报何时了。”如果我们心眼小得容不下别人无意之中造成的伤害，无法忍受自己遭受一点点的责备，那斗气就会成为我们的习惯。人生短短几十年，何必非要跟自己过不去呢？学会宽容，以自己的仁厚去包容他人的过错，这样我们才能拓宽人生的境界，同时，还能化解心中的怒气。

有一天，迈克尔在路上走着，他边走边把竹条缠绕在自己的身上玩，谁料，一不小心，迈克尔的竹条一端就脱了手。当时，迈克尔站在木桥边，正对着大门，一位农民的儿子在那里放了一罐水，准备挑回家。不巧的是，迈克尔的竹条反弹回来把水罐打翻了，不过，装水的罐子并没有破碎。发现自己闯祸了，迈克尔急忙赔礼道歉，可是，农民的儿子却跑过来就骂他，一点也不理会迈克尔的解释。令迈克尔没想的是，他竟然一把抓住了自己的竹条，并残忍地将那只竹条折断了。

这竹条可是父亲送给自己的，如今却被折断，迈克尔十分生气，回家的路上，他不停地咕哝：“我一定要报复他，我要他从心底感到后悔。”正在花园里散步的父亲听见了，好奇地问：“你让谁从心底里后悔呀？”迈克尔向父亲说了事情的经过，父亲笑着说：“他的确是一个坏孩子，但是，他已经受到了惩罚，他没有朋友，也没有娱乐，这就是对他的惩罚。”迈克尔却执意说：

“那竹条可是你送给我的礼物，那么漂亮的竹条，我只是无意打翻了他的罐子，我一定要报复他。”父亲抚摸着迈克尔的头，温和地说：“迈克尔，我知道你是一个好孩子，做任何事情都应该思考清楚，我向你承诺，我可以再送你更漂亮的竹条，但是，如果你执意要报复，并且认为那才是对他最好的惩罚，这只不过是你现在的想法，以后你肯定会后悔的，你自己才会从心底里后悔。”迈克尔陷入了沉思，他暂时放弃了报复的念头。

几天过去了，迈克尔似乎忘记了那天的事情，那天，他又遇到了那位农民的儿子。这一次，他正挑着一担重重的木柴朝家里走去，结果，却不小心摔倒在地，爬也爬不起来。迈克尔看见了，急忙跑过去帮忙捡起了木柴，这时，那位农民的儿子感到很愧疚，心里很难受，为之前的行为感到后悔，甚至，在迈克尔离去的时候，他还小声说了一句：“那天，对不起！”而迈克尔则高高兴兴回家了，他想，或许，这才是最好的行为，以德报怨，我不会后悔的，如果不是当初父亲提醒我，可能我现在正在忏悔呢。

本来，自己已经道歉了，但竹条还是被农民的儿子给折断了，小迈克尔已经很气愤了，他发誓自己一定要报复那个不知天高地厚的小子。但就在芬芳四溢的花园，迈克尔听从了父亲的教诲，决定放下心中的愤怒和仇恨，而是以宽容的怀抱拥抱对方。果然，当迈克尔学会宽容以后，以德报怨的作用就发挥了，那位看上去蛮横的家伙竟然不好意思说了一句：“那天，对不起！”如此看来，以德报怨，确实是化解一切怒气的法宝，不仅化解了自己内心的愤怒，而且还融化对方那颗冰冷的心。

情绪启示

以德报怨受益最大的却是我们自己。以德报怨所体现的一种宽容的大度和涵养，同时，这是一种积极的生活态度和高尚的道德观念的表现。虽然，对方做了一些侵犯我们，或对不起我们的事情，但我们若是可以给予对方一个宽容的怀抱，那所换来的将是皆大欢喜的结局。斗气，害人害己；以德报怨，化解彼此心中的怒气。如果你是一个仰望幸福的人，那么你一定会选择后者，因为以德报怨本身就可以令你收获一种甘甜的幸福。

第8章 要做一个内心柔和的人：远离嫉妒情绪

法国科学家拉罗会弗科曾说：“嫉妒是万恶之源，怀有嫉妒心的人不会有丝毫同情。”嫉妒是一种偏执的心理，喜欢嫉妒的人总是没办法正视别人的优点，比如对方的美貌，对方的才能，对方的家庭背景。如果用一句话来形容嫉妒，还是那句谚语说得好“好嫉妒的人会因为邻居的身体发福而越发憔悴”。

◆ 因为不自信，所以嫉妒

古人曰：“人有才能，未必损我之才能；人有声名，未必压我之声名；人有富贵，未必防我之富贵；人不胜我，固可以相安；人或胜我，并非夺我所有，操心毁誉，必得自己所欲而后已，于汝安乎？”嫉妒，它是毒害纯洁感情的毒药，是吞噬善良心灵的猛兽，是丑化面容的黑斑，其气来源于你心中的狭隘与不自信。其实，嫉妒是无能的表现，因为自己不能达到对方的高度，不能获得对方所获得的荣誉，只好用嫉妒心理来维护自己的自尊。培根曾说：“在人类的一切情感中，嫉妒之情恐怕是最顽强，最持久的了。”在众多心理状态中，嫉妒是一种心理病态，基于内心的狭隘和不自信，人们容易产生嫉妒的心理，总觉得自己处处不如别人，埋怨上天的不公平。虽然，“嫉妒之心，人皆

有之”，但是，如果这种心理的疾病不及时根除，那嫉妒就会越来越紧地束缚我们的内心，使我们的心灵透不过气来。

在《三国演义》里，有众人皆知的“诸葛亮三气周瑜的故事”：

赤壁之战结束后，孙刘两家均欲取荆襄之地，如此一来，才能全据长江之险，与曹操抗衡。刘备屯兵在油江口，周瑜知道刘备有夺取荆州的意思，便亲自赶赴油江与刘备谈判。谈判之前，刘备心中忧虑，孔明宽慰说：“尽着周瑜去厮杀，早晚教主公在南郡城中高坐。”后来，周瑜在攻打南郡时付出了惨重的代价，不仅吃了败仗，而且，自己还身中毒箭，不过，周瑜还是将曹仁击败。可是，当周瑜来到南郡城下，却发现城池已经被孔明袭取，周瑜心中十分生气：“不杀诸葛村夫，怎息我心中怨气！”

周瑜一直想夺回荆州，先后多次与刘备谈判均无好的结果，这时，刘备夫人去世。周瑜便鼓动孙权用嫁妹之计将刘备诱往东吴而谋杀之，继而夺取荆州。没想到此计又被诸葛亮识破，将计就计让刘备与吴侯之妹成了亲。到了年终，刘备以孔明之计携夫人几经周折离开东吴，周瑜亲自带兵追赶，却被云长、黄忠、魏延等将追得无路可走。顿时，蜀军齐声大喊：“周郎妙计安天下，陪了夫人又折兵！”这次，周瑜气得人差点昏厥过去。

过了一段时间，周瑜被任命为南郡太守，为了夺取荆州，周瑜设下了“假途灭虢”之计，名为替刘备收川，其实是夺荆州，不想再次被孔明识破。周瑜上岸后不久，就有大陆人马杀过来，言道“活捉周瑜”，周瑜气得箭疮再次迸裂，昏沉将死，临死前还长叹：“既生瑜，何生亮！”

周瑜本聪明过人，才智超群，但却心胸狭隘，对于比自己技高一筹的诸葛亮耿耿于怀，心生嫉妒，最终落得个气绝身亡，怀恨而死。嫉妒是一种心理病态，宛如毒药，周瑜被嫉妒的心态所缠绕，最后，无疑自饮毒酒。他因嫉妒而死，我们不难发现，嫉妒之源来自两方面，一是心胸狭隘，二是对自己不够自信。试想，如果周瑜能够心胸开阔，对自己充满自信，他也不会英年早逝。

另外，我们可以清晰地发现，嫉妒心理是具有等级性的，也就是说，只有处于同一竞争领域的两个竞争者才会有嫉妒心理和嫉妒行为。通常情况下，人们只会嫉妒与自己处于同一竞争领域的比自己表现优越的人，而不会嫉妒与自己不在一个领域中的人。周瑜嫉妒诸葛亮，也是因为诸葛亮与自己是处在同一个领域，而且，诸葛亮的能力比自己强，而他不会去嫉妒与自己不处于同一领域的，比如曹操、孙权。

情绪启示

曹丕忌曹植，终留下了把柄："煮豆燃豆萁，豆在釜中泣。本是同根生，相煎何太急。"对自己的不自信，以及内心的狭隘，常常使我们的嫉妒心理愈加严重，若不及时抽身而出，反而会被嫉妒所吞噬。古人曰："欲无后悔须律己，各有前程莫妒人。"好嫉妒的人自私而狭隘，他们往往自大，总想高人一等，容不下比自己强的人，看到周围的人超过了自己，要么就设法贬低对方，要么就陷害对方。那么，我们如何才能冲出嫉妒的黑网呢？

1.不自私，不嫉妒

巴尔扎克说："嫉妒潜藏在心底，如毒蛇潜伏在穴中。"嫉妒的人一定是自私的，而自私的人肯定是有着嫉妒心理的，原来嫉妒和自私就犹如孪生兄弟，彼此不可分割。如果一个人的内心不自私，不存在狭隘的心理，那么，他是不会对他人充满嫉妒之心的。因为嫉妒，他不希望别人比自己优越；因为自私，他总是想剥夺别人的优越。喜欢嫉妒的人从来不说一句好话，因为他们狭隘的心理容不下别人的长处，他以说别人的坏话来寻求一种心理上的满足。在生活中，喜欢嫉妒的人是没有朋友的，因为他把所有比自己强的人都视为敌人，另一方面，瞧不起那些比自己弱的人。

2.正确认识自己

对此，我们应该正确认识自己，看到自己的优点，尽早从病态的自尊心和自卑感中解脱出来，正视自己与他人之间存在的差距，与其嫉妒别人，不如学习对方的长处，这样，思想解脱了，心灵才会从嫉妒的黑网中解脱出来。所以，学会正视自己，扬长避短，努力冲破嫉妒的黑网，重新走向豁达广阔的天地。

◆ 失败之后，请正视自己的嫉妒

周国平在《论嫉妒》一文中这样写道：“嫉妒是对别人的快乐所感觉到的一种强烈而阴郁的不快。在人类心理中，也许没有比嫉妒更奇怪的感情了。一方面，它极其普遍，几乎是人所共有的一种本能。另一方面，它又似乎极不光彩，人人都要把它当作一桩不可告人的罪行掩藏起来。结果，它便转入潜意识之中，犹如一团暗火灼烫着嫉妒者的心，这种酷烈的折磨真可以使他发疯、犯罪乃至杀人。”这似乎道出了嫉妒心的特点，实际上，在我们每个人身上，或多或少都会存在一些嫉妒心理，要想避免嫉妒心理，我们应该学会正视它，只有正视自己的嫉妒心，我们才能挖掘出自己的“失败点”。

一个人由于内心的嫉妒，会将自己置于一种心灵的地狱之中，不断折磨自己，但是，最后，他却一无所得，只有内心无比的痛苦。嫉妒既害人又害己，对他人来说，嫉妒者本身的流言、恶语、陷害、造谣等，往往会给他人造成巨大的伤害；对自己来说，嫉妒伤身又伤心，嫉妒者把时光用在阻碍和憎恨别人身上，而不是潜心于自己的心灵修炼。所以，嫉妒不仅折磨嫉妒者本人，也危害那些被嫉妒的人，如果你心中常怀嫉妒之心，需要正视它，不断地反省自己，改善自己的品行。

在战国时期，秦国常常欺侮赵国。有一次，赵王派大臣蔺相如到秦国去交涉，蔺相如见了秦王，凭着自己的机智和勇敢，给赵国争得了不少面子，秦王见赵国有这样的人才，就不敢再小看赵国了，而回到赵国的蔺相如，当即被封为“上卿”。赵王如此看重蔺相如，这可气坏了赵国的大将军廉颇，心想：我为赵国拼命打仗，功劳难道不如蔺相如吗？他不过只凭了一张嘴，有什么了不起的本领，地位倒比我还高！廉颇越想越不服气，嫉妒心开始滋生，他怒气冲冲地说：“我要是碰着蔺相如，要当面给他点儿难堪，看他能把我怎么样！”

廉颇的这些话传到了蔺相如耳朵里，蔺相如立即吩咐手下的人，让人们以后碰着廉颇手下的人，千万要让着点儿，不要和他们争吵。廉颇手下的人，看见上卿这样让着自己的主人，更加得意忘形，见到廉颇手下的人，就嘲笑他们，蔺相如手下的人受不了这个气，跟蔺相如说：“您的地位比廉将军高，他骂您，您反而躲着他，让着他，他越发不把您放在眼里啦！这么下去，我们可都受不了。”蔺相如却心平气和地说：“我见了秦王都不怕，难道还怕廉将军吗？要知道，秦国现在不敢来打赵国，就是因为赵国文官武官一条心，我们两人好比是两只老虎，两只老虎要是打起架来，不免有一只要受伤，甚至死掉，这给秦国造成了进攻赵国的好机会，你们想想，国家的事儿要紧，要是私人的面子要紧？”

蔺相如的这番话传到了廉颇的耳朵里，廉颇惭愧极了，想到自己的嫉妒之心真的是不应该。正视了自己的心理，廉颇毅然脱掉一只袖子，露着肩膀，背了一根荆条，直奔蔺相如家，廉颇对着蔺相如跪了下来，双手捧着荆条，请蔺相如鞭打自己，蔺相如却将廉颇扶了起来。从此，两人成为了很好的朋友。

蔺相如宽广的胸怀，让廉颇意识到自己嫉妒心的危害，正视了自己的嫉妒心，廉颇清醒地挖掘了自己的内心，做出“负荆请罪”的义举，最终，将内心那邪恶的嫉妒心扼杀在摇篮之中，从而赢得了一个朋友。面对嫉妒，应该承认它，接受它，因为当你抵制一种情绪的时候，往往会给你更多的能量；相反，如果你接受嫉妒这种情绪，你就能随意地看待它，停止给它提供能量，最终，这种坏情绪就会消失。

情绪启示

嫉妒心理是人的一种普遍心理，每个人都会无可避免地产生嫉妒心理，当然，嫉妒心理的出现也并不是不可避免的，我们可以将嫉妒心理所带来的危险系数降到最低，而在之前我们所需要做的第一件事就是“正视自己的嫉妒心”。

1.好嫉妒的人无法容忍别人

好嫉妒的人，他们不能容忍别人的快乐与优越，在嫉妒心理的刺激下，他们会用各种方式去破坏别人的快乐与幸福，有的人用会流言蜚语来恶意中伤他人，有的人采用打小报告来排挤对方。好嫉妒的人，他们的心理既自卑又阴暗，几乎享受不到阳光的美好，也体会不到生活的乐趣。

2.嫉妒是人性的弱点之一

嫉妒是人性的弱点之一，它是一种比较复杂的心理，包括了焦虑、恐惧、悲哀、猜疑、羞耻、怨恨、报复等不愉快的情绪。他们嫉妒的对象可以是天生的好身材、美丽的容貌以及他人身上显露出来的聪明才智，另外，一些社会评价的各种因素，诸如金钱、地位、荣誉等等也会成为他们嫉妒的对象。

◆ 与其嫉妒，不如拼搏

不知道从什么时候开始，人们嘴里开始念叨着“羡慕、嫉妒、恨”，这样一种情绪竟然成为了一句流行语。人们因为不满情绪的递增而强烈到不能自拔：羡慕是一种向往、崇拜，同时，它是嫉妒的萌芽，一个人对他人充满了嫉妒，其中肯定夹杂着羡慕的情绪；嫉妒是羡慕华丽的转身，当羡慕不能改变自己的现状，他人依然有着自己不能超越的能力，那样一种羡慕就会递增为嫉妒；恨，则是嫉妒的极限，它是由嫉妒心而延伸的，总见不得别人的好，心底就会对某人产生憎恨的情绪。“羡慕、嫉妒、恨”看起来更像是一种修辞，不仅强化了中心词“嫉妒”的表达效果，同时，包含了嫉妒的来龙去脉，嫉妒，到底是源自哪里，又将演变成什么。可是，“羡慕、嫉妒、恨”又能怎么样呢？那些我们不能改变的东西依然改变不了，无论是羡慕、嫉妒，还是恨，都只是我们自己的情绪表达，所伤害的其实就是自己，对他人增添不了多少烦恼。与其“羡慕、嫉妒、恨”，不如“努力、奋斗、拼”，化嫉妒为动力，如此这样，我们才能将嫉妒之心消灭。

从前，有个人饲养了山羊和驴子，主人总是给驴子喂充足的饲料，而山羊每顿只能吃得七八分饱。对此，嫉妒心很重的山羊对驴子说：“你一会儿要推磨，一会儿又要驮沉重的货物，十分辛苦，不如装病，摔倒在地上，这样便可以得到休息了。”驴子听从了山羊的劝告，摔得遍体鳞伤。主人请来了医生，为驴子治疗，医生说：“将山羊的心肺熬汤作药给驴子喝，这样才可以治好。”于是，主人马上杀掉了山羊，去为驴子治病。

这是一个《伊索寓言》里的故事，嫉妒心强的山羊对驴子怀恨在心，假装为其出主意，实际上却是想将驴子置于死地，但是，没想到，被嫉妒心吞噬的自己，在充满仇恨的报复行为中竟然将自己也不小心“算计”了进去。如此看来，“羡慕、嫉妒、恨”就如同一个无底的山洞，不仅埋葬了别人，同时，也埋葬了自己。

小王和小李是大学同学，大学毕业后，他们进入了同一家公司。或许，在别人看来，这是多么奇妙的缘分，可对于小王来说，却是有苦说不出。原来，两人虽然是大学同学，却也是大学时代的竞争对手。在班里，小王是班长，小李是副班长，学习成绩彼此不相上下，如果小王在歌唱大赛中得奖了，那么，小李肯定会在诗歌朗诵中取得优异的成绩。在各方面，小李似乎都略胜一筹，这让小王感到大学生涯是多么的痛苦。另外，一方面，小王克制不了自己对小李的嫉妒，每次只要听到小李有了什么成绩，小王心中就有一种深深的恨意。

上班第一天，小李友好地向小王打招呼，没想到，小王只是冷冷地回看了小李一眼。小王在心里暗暗下决心：这一次，我一定要超过你！可是，在第二天，小王就遭受了打击，小李被任命为经理助理，职位一下子就高了很多，小王忍不住说了句风凉话："没想到，你还是跟大学一样，手段了得。"小李忍住心中的不快，笑着说："你说话总是这样犀利，其实，你也可以的，不妨把对我的恨意化作动力吧！"小王呆住了，自己以前那么嫉妒、那么仇恨，可是什么都没有改变，小李还是那么优秀。如果早就将那种羡慕、嫉妒、恨化作努力、奋斗、拼，自己或许早就摆脱苦海了。

培根说："人可以容忍一个陌生人的发迹，但绝不能忍受一个身边人的上升。"虽然，距离产生美，但是，近距离的接触却只会产生嫉妒。一个人一旦心生嫉妒，他就变得"卑劣"了，他会静静地待着，等着你出现错误，甚至，开始处心积虑地为你制造出一些麻烦。事实上，有着强烈嫉妒心的人与"小人"没有实质的差异。一般的嫉妒，只会停留在心理层面上的"恨"，对他人并不会造成多大的伤害；强烈的嫉妒心，会促使他采用一切卑劣的手段来增加自己的高度。

情绪启示

阿部次郎在《人格主义》里写道："什么是嫉妒？那就是对于别人的价值伴随着憎恶的羡慕。"嫉妒源自羡慕，不过，彼此也有细微的差异：羡慕，是指看到别人有某种长处、好处或有利条件，希望自己也能获得同样的东西；嫉妒，是指看到别人拥有这些东西，产生情绪抵触，顿时心生恨意。"羡慕、嫉妒、恨"刻画了嫉妒的成长轨迹，羡慕只是嫉妒的表层，恨才是嫉妒的核心。

1.嫉妒的憎恨是一种病态

歌德更是一句话道出了“嫉妒”与“恨”的关系，他这样说：“憎恨是积极的不快，嫉妒是消极的不快，所以，嫉妒很容易转化为憎恨，就不足为奇了。”其实，嫉妒心是人的一种本能，谁没有嫉妒过别人呢？只是，每个人嫉妒心的强弱程度不同，微弱的嫉妒可以激发人的进取心和竞争意识，这根本不算什么坏事；但是，如果一个人的嫉妒心过于强烈，整日里痛苦着别人的幸福，幸福着别人的痛苦，时间长了，人就会陷入一种病态心理。

2.将嫉妒转化为拼搏

嫉妒源于不如人，对一个人来说，若是被人嫉妒，这是一种精神上的优越和快感；嫉妒别人，只会透露自己的懊恼、羞愧，打击自信心。所谓“学到知羞处，才知艺不精”，当你嫉妒一个人的时候，是否意识到自己的短处呢？古人说：“临渊羡鱼，不如退而结网。”不要对他人产生“羡慕、嫉妒、恨”这样的情绪，而是化嫉妒为力量，自觉地将“恨”转化为“拼”，自强不息，让自己真正地进步！

◆越比较，越嫉妒

吕坤说：“气忌盛，新忌满，才忌露。”嫉妒是一条毒蛇，它专门啃噬人的心，我们常常会说“羡慕”，却很少提及嫉妒，似乎总想掩藏内心的秘密。其实，嫉妒和羡慕本是同根生，在某方面别人有你所没有，别人能你所不能，羡慕和嫉妒就产生了。有人说，羡慕是嫉妒的华丽转身，羡慕中多了一丝向往，嫉妒中多了一丝怨恨。在日常生活中，我们常常会听到嫉妒的心声：“你看，隔壁的王先生多潇洒，楼下的阿松自己买了小车，对面的小张刚刚炫耀说又订了一套别墅，看看我们自己，还住在筒子楼，要钱没钱，要车没车，工作也不好……”俗话说：“人比人，气死人。”虽然，人与人之间的比较是一种常见的心理活动，但是，如果我们时刻用消极的心态去攀比，贪恋虚荣，不仅会在比较中迷失自己，心中也燃起了嫉妒的熊熊大火。

在东南亚一带，流传着这样一个故事：

有一个人遇到了上帝，上帝对他说：“从现在起，我可以满足你任何一天愿望，但前提是你的邻居会同时得到双份的回报。”那人高兴不已，但是，他仔细一想：如果我要得到一份田产，邻居就会得到两份田产，如果我要得到一箱金子，邻居就会得到两箱金子，更要命的如果我得到一个绝色美女，那个看来一辈子打光棍的家伙就会同时得到两个绝色美女了。他想来想去，不知道提出什么要求才好，他实在不甘心让邻居占了便宜。最后，他一咬牙：哎！你挖掉我一只眼睛吧！

泰戈尔说：“孤独的花儿，不要嫉妒繁密的刺儿。”这个故事所反映的是东方式的嫉妒，如果人们在嫉妒的心理中循环，那么，生活中所有美好的东西都将变成嫉妒的陪葬品。由于狭隘、自私而产生的嫉妒是消极的，在比较心理下，嫉妒心会成为我们前进的绊脚石，使自己陷入痛苦的深渊，而无法自拔。其实，人生就是一道加减法，有得必有失，幸福和快乐是不可比较的，因为它没有止境，也没有具体的标准。如果你总是纠结于比较，那么，你永远都是吃亏的那一个，因为他们在比较时常常忽略了自己的幸福，我们应该懂得这样一个道理：比上不足，比下有余。

早上，王雯穿着新买的裙子去上班，心里别提多美了，心想：这身打扮应该会把办公室那群人给比下去，不知道多少人会称赞自己有品位呢。她一边想着，一边乐，忍不住对着公司大门的镜子整理头发。来到办公室，王雯还没有来得及炫耀自己的新裙子，就看到一大群女同事围着李倩，大家嘴里发出阵阵赞叹声。王雯心中顿感不快，挤着围过去一看，原来，李倩今天也穿了新裙子，不过，无论是款式还是质量，都在自己所穿的裙子之上。王雯看了一眼，满脸不屑，气冲冲地走了，身后传来同事的议论："她总是这副样子，爱比较，比了又生气，真是，搞不懂这个人……""可不是嘛，要我说啊，就是嫉妒心在作怪，每次都这样子，都已经习惯了"。

听了同事的议论声，王雯怒火腾地上升了，她回过头，大声责问道："你们说谁呢？"同事纷纷走开了，只留下脸红脖子粗的王雯。生气的王雯进了卫生间，对着镜子重新审视自己的裙子，越看越生气，一气之下，王雯拉着裙子的下摆猛地一扯，本来只是发泄心中的怨恨，没想到，新买的裙子居然被扯出了一条长长的口子。看着镜子中的自己，王雯气得哭了起来。

对于一些私心较重、心理欲望较高的人来说，他们时常会因为攀比把自己气得够呛，到最后，他们也不知道事情到底错在哪里。心胸狭窄的人，总喜欢以己之长比人之短，喜欢计较个人名利得失，越比较越是痛苦，感觉自己真的"吃了亏"或"运气不好"，甚至，开始抱怨自己是"生不逢时"。看到自己的朋友当了官、发了财，自己的心理就很不平衡，总想着之前他还不如自己呢，但是，他们却不去思考对方取得成功的原因。

情绪启示

对此，有人却一语道破玄机："人活着就不能把金钱、荣誉、地位看得太重，其实，拥有10万和拥有100万的人没什么两样，都是一日三餐，无非他们是吃海鲜，我们吃虾皮；他们开奥迪，我们开奥托。前面有坐轿、骑马的，后面有推车的，我们就是那中间骑驴的，比上不足，比下有余，所以，知足常乐吧，哪来这么多嫉妒。"

1.弱者的思路是嫉妒，强者的出路是竞争

智者说："弱者的思路是嫉妒，强者的出路是竞争。"当自己在与别人作比较的时候，为什么不试着改变自己的心态呢？以乐观积极的心态，化嫉妒为

动力，鼓励自己不断前进，这样，我们才会越来越接近对方，嫉妒之心也会消失不见。而那些热衷于比较贪恋虚荣的人，早晚会把自己气死。在这个世界，没有绝对优秀的人，在我们身上总是有着这样或那样的缺点，在与他人比较的过程中，生出诸多嫉妒之气，在这时候，只有控制自己的情绪，如果任意妄为，越想越生气，心情就会自然郁结起来。

2.不比较，自然没有嫉妒

在生活中，人们常常为钱而奔波，没有一个人会觉得自己赚的钱多，他们内心那种攀比心理、虚荣心理，逐渐将自己逼近一个无底的深渊。许多人有一份稳定的工作，拿着固定收入，但却与那些做生意发财的人相比，这样一比较，除了一丝羡慕全是嫉妒，心想：凭什么他们能赚那么多钱。他们因此而常常抱怨生活，总是看这里不顺眼，看那里不顺眼，甚至，将这样一种嫉妒、怨恨的心态推己及人，给身边的人带来极大的危害。

◆ 自己有的，他未必有

周国平说："伟大的成功者不易嫉妒，因为他远远超出一般人，找不到足以同他竞争、值得他嫉妒的对手。一个看破了一切成功之限度的人是不会夸耀自己的成功，也不会嫉妒他人的成功的。"嫉妒，是我们为了竞争一定的利益，对相应的幸运者或潜在的幸运者怀有的一种冷漠、贬低、排斥，甚至是敌视的心理状态。换句话说，嫉妒是由于他人胜过了自己而引起的消极情绪体验，当看到同事比自己有能力时，心里就会酸溜溜的，很不是滋味，不自觉就会对其产生憎恶、羡慕、愤怒、怨恨、猜疑等等，一系列复杂情感。

一般而言，好嫉妒的人，不能容忍别人超过自己，害怕别人得到了自己无法得到的名誉、地位等，因为在他们看来，自己办不到的事情别人也不要办成，自己得不到的东西别人也不要得到。然而，在这个世界上，每个人都是独特的，或许，从某一方面来看，对方是比自己优越，但是，在另外一些方面，自己所拥有的却是对方未必能得到的。

从前，有一位贫穷的农夫，他有一位非常富有的邻居，邻居有很大一个院子，有一栋非常漂亮的房子和一辆漂亮的马车。对此，农夫对邻居十分嫉妒，心想：他一个人住那么大的房子，可我呢？一家五口人拥挤在一个小草房里，上天真是太不公平了。每次遇到这位邻居，贫穷的农夫都会冷漠地走开，似乎这样一种姿态可以满足自己的自尊心。到了晚上，农夫就开始痛苦了，他翻来覆去就是睡不着，总想着自己能住上邻居那样的大房子，他向上天祈祷：让那位富有的邻居变得像自己一样贫穷吧，不然，自己会被嫉妒之心气死的。

后来，村子里来了一位智者，据说，他能给那些痛苦的人指引道路，从而让他们过上快乐的日子。农夫觉得自己也应该去看看，到了那里，发现已经排了很长的队伍，而排在自己前面不是别人，就是那位邻居。农夫感到很奇怪："这样一位富有的人也会感到痛苦吗？"过了半天，邻居进去了，农夫还在外面等着，可是，直到太阳下山，邻居还没有出来，农夫的嫉妒又开始了："上帝真是不公平，怎么智者就跟他说了这么多。"终于，邻居出来了，那位富人的脸上显露了从未有过的笑容。

农夫心中一动，急忙走了进去，智者说："你为何而痛苦啊？"农夫回答说："我总是看我那位邻居不顺眼。"智者微笑着说："这是嫉妒在作怪，你需要做的就是克制自己，想想自己所拥有的东西。"农夫十分生气："智者啊，你怎么也那么偏袒呢？给我的邻居那么多忠告，却只给我简单的两句话。"智者说："你一进来，我就猜到你是为什么而痛苦，可是，那位富人进来，我只看到他殷实的外在，看不到他精神的匮乏，详细询问了才知道他的症结所在。"农夫不解："他也会感到不快乐吗？"智者说："当然，虽然，他比你富有，房子比你大，但是，他只有一个人，而你呢？还有贤惠的妻子和可爱的孩子，现在，你想想，你所拥有的是不是他所缺乏的，这样一想，你就不会痛苦了。”听了智者的话，农夫心中释然了，他感到快乐的日子离自己不远了。

农夫的嫉妒只会让自己远离了快乐，陷入了痛苦的深渊，他所看见的是某些方面，而忽略了自己快乐的因素。在这样的心理状态下，他会认为凡事都是邻居好，自己似乎什么都差劲，而经过智者的点拨，他发现原来在自己身上，还隐藏着一些宝藏，而这些都是那位富裕邻居所缺乏的，自己还有什么值得嫉妒的呢？

情绪启示

有这样一则寓言：“猪说假如让我再活一次，我要做一头牛，工作虽然累点，但名声好，让人爱怜；牛说假如让我再活一次，我要做一头猪，吃罢睡，睡罢吃，不出力，不流汗，活得赛神仙；鹰说假如让我再活一次，我要做一只鸡，渴有水，饿有米，住有房，还受人保护；鸡说假如让我再活一次，我要做一只鹰，可以翱翔天空，云游四海，任意捕兔杀鸡。”

1.清楚自己想要的

似乎，风景都在别处，在生活中，我们总是不由自主地去羡慕、嫉妒别人所拥有的东西，嫉妒别人的工作，嫉妒同事买的新房，嫉妒别人的车子，可是，我们却忽略了一点，我们自己也是别人嫉妒的对象。所以，真的不要去羡慕、嫉妒别人，守住自己所拥有的，清楚自己真正想要的，我们才会真正地快乐！

2.别忽略自己的幸福

日常生活中，我们常常为那些不存在的东西而怨恨。有的人嫉妒邻居买了新房子，却忽略了自己有一个温馨的家；有的人嫉妒同事买了豪车，却忽略了有一个骑着摩托车的男友接自己上下班；有的人嫉妒朋友有美丽的外表，却忽略了自己温和的好脾气。很多时候，我们对他人产生嫉妒之心的时候，其实，已经踏进了痛苦的陷阱了，因为你已经忽略眼前的幸福。

3.别人的风景并不一定适合自己

别人所拥有的并不是适合自己的，而我们所拥有的才是最好的，至少它能够长久地陪伴在我们身边。如果你总是舍弃了自己，嫉妒他人所获得的东西，你会发现，自己什么也没有得到，反而徒增了许多烦恼。所以，做最独特的自己，没有必要心生嫉妒，因为你拥有的他却未必能得到。

◆ 做一个令人嫉妒的人

托尔斯泰说："嫉妒是一种可耻的感情。"在现代社会，竞争日益激烈，嫉妒这种可耻的感情非但没有绝迹，反而有滋生蔓延之势。那些卑劣的落伍者，总是花费大量的精力和时间来嫉妒、怨恨，看着别人领先了自己就眼红，心生嫉恨，甚至为了报复而不惜任何代价，不择手段。可是，嫉妒换来的是什么呢？只是一种比痛苦更深沉的情绪，如果你觉得别人有优秀的地方，或者感觉自己某些方面有所欠缺，那么，放下心中的嫉妒吧，消除内在的不满情绪，增长自己的士气，努力拼搏后，你会发现自己也成为了那片让人羡慕的风景。古人说："木秀于林，风必摧之；堆出于岸，流必湍之；行高于人，众必非之。"因此，面对那些令我们羡慕、嫉妒的人，抱怨、憎恨并不是明智之举，只有放下心中的怨恨，化嫉妒为动力，努力拼搏，当自己达到了一定的高度，你会发现当初自己嫉妒的不过是自己而已。

有一个人，他总是嫉妒别人的工作稳定，嫉妒别人有家庭有孩子，而自己却漂泊无依，而那些被自己嫉妒的人与他是好朋友，两人因此而断交。这个人使尽了所有招数来超过这位昔日的朋友，想找一个比他更好、更稳定的工作，但每次都以失败告终。

于是，这个人幻想那位朋友所有的缺点，幻想着那位朋友日后凭借着这些缺点而造成的重大损失。这个人自认为十分了解这位朋友，才做出了这样的判断，并且确信自己的预言的悲惨情况一定会发生。不过，令他失望的是，自己所预言的情况并没有发生，相反，那位朋友生活得越来越好。

渐渐地，他不再嫉妒那位朋友了，一方面他觉得自己心中的那位朋友并不是现实中真正的那位朋友，而是自己幻想出来的。那位朋友的同年、爱情，自己并不太了解，他所嫉妒的不过是自己和自己较劲。明白了这些，这个人心中的嫉妒就消失大半了。虽然，这个人创业最后还是失败了，但是，在真正失败的时候，他终于释然了，经过了人生的千辛万苦，他终于不再嫉妒任何人，内心变得无比的平和与安静。

当我们在嫉妒某位同事工作能力的时候，我们总是注意到了对方的优点，却没有注意自己比对方强的地方。其实，生活中的每一个人都会有不如别人的地方，当对方在某方面超过我们的时候，我们可以有意识地想一想自己的长处，这样就会使自己失衡的心理重新恢复到平衡的状态。

小宋从一名小职员荣升成为了部门经理，大家都感到十分诧异，是怎么一种力量让一个平庸得不能再平庸的人也登上了成功的山顶呢。在公司表彰大会上，小宋道出了自己的秘密："许多人都问我，你是怎么做到的？刚开始，我总是沉默不语，其实，在我内心有一点点羞愧，本来，我打算永远不说出这个秘密的。可是，现在我发现，我需要将这个秘密告诉你们，这样，避免你们像我一样，被无谓的烦恼所困扰。"公司同事都屏住了呼吸，希望自己能从小宋那里借鉴到什么。

小宋微笑着说道："我想你们一定不了解，我是一个什么样的人吧，其实，我以前是一个嫉妒心很强的人，从小，家庭的贫穷让我对那些富裕的同学心生嫉妒，为此，我甚至仇恨父母，为什么我会出生在这样一个贫穷的家庭。这样一种嫉妒的心理一直支撑到我大学毕业，因为嫉妒别人，总想超过别人，这样的一种信念让我在遇到困难时萌发出一股强大力量。大学毕业后，我进入了这家公司，这时，我似乎已经忘记了心中的嫉妒，因为在过去的那么多年里，我勤奋学习，浑然忘记了去嫉妒别人。初到公司，我就暗暗发誓：以前是我嫉妒别人，现在我要放下那些所谓的嫉妒，要努力变成一个令人嫉妒的人。我不知道现在我是不是真的成为了这样一个人，但是，我需要告诉你们的是，我已经不去在意是不是了，因为嫉妒已经完全远离了我。”话音刚落，台下响起了雷鸣般的掌声。

有的人看见办公室同事凭着漂亮的脸蛋和一张会说话的小嘴，把上司哄得眉开眼笑，她就会心生嫉妒，常常在背后说一些风凉话：“有什么了不起，看她都快成了经理的‘小蜜’了。”或许，不少人都有这样的经历，其实，这就是“职场嫉妒病”。

情绪启示

黑格尔说：“有嫉妒心的人自己不能完成伟大的事业，乃尽量去低估他人的伟大，贬低他人的伟大，使之与他本人相齐。”如果这样的目的不能达到，嫉妒者就会采用种种卑劣的手段，惹出更多的是非来，不过，最后他们却是偷鸡不成蚀把米。

1.成为别人羡慕嫉妒的对象

一个人赢得上司的重视，一定要凭借着自己那强烈的嫉妒心吗？你越是嫉妒，其实是长他人志气，灭自己威风，不如收敛自己的脾气，控制自己的情绪，为自己打气，当你通过了一番拼搏站在了成功的位置，再让别人来对你羡慕、嫉妒吧！

2.嫉妒并非让自己超越别人

在非洲，当一头雄狮猎获了一只猎物准备美餐或家族享用的时候，另一些狮子会产生嫉恨：为什么你能逮住我就逮不住，对不起，我需要享用你的战利品。于是，在狮子之间展开了一场争斗。可见，嫉妒并不能使自己超越别人，不如承认自己，改变自己，急起直追，这样，未来才有希望。对别人产生了嫉妒心并不可怕，关键是我们能不能正确看待嫉妒心。不妨借着嫉妒心理促使自己奋发努力，化嫉妒心为动力，超过对方。

第9章
排出焦虑这种精神毒素：不要太过苛求自己

现代社会，“焦虑”这个词语属于高频率出现的代表性词汇，正如人们所说“我很焦虑”。对于生活在大都市的人们而言，他们焦虑的因素很多，生老病死、升职加薪、结婚生子……每天都在为一些事情而焦灼不安。事实上，不要总是苛求自己，学会慢慢放松，自然会化解内心的焦虑。

◆ 人为什么遭受焦虑的折磨

成功大师卡耐基有时会回忆：“多年前的一个夜晚，邻居匆忙来按我家门铃，让我们一家去种牛痘以预防天花。惊恐的人们排着长队，多个接种站的两千多名医生、护士夜以继日地工作，这一切都是因为纽约有八人患上天花，其中死亡两人——800万纽约市民仅仅死亡两人。”这时，卡耐基发出这样的感叹：“我在纽约市居住了37年之久，可从没有人上门提醒我，要预防精神上的忧郁症，在过往的37年中，这种病症对人的损害，远胜天花万倍。”其实，卡耐基这里所指的精神上的忧郁症，其实就是负面情绪的一种。

吉姆是一位年轻的汽车销售经理，他的前途充满了希望。但是，吉姆的情绪却非常绝望，意志消沉，他觉得自己要死了。甚至，他开始为自己挑选墓

地，为自己的葬礼做好了一切准备工作。其实，吉姆的身体只是出了一点小问题，有时候会呼吸急促，心跳很快，喉咙梗塞，医生规劝："你只需要坦然处理生活，退出自己热爱的汽车销售行业就行了。"

吉姆在家里休息了一阵子，但是，他还是焦虑和恐惧，于是，他的呼吸变得更加急促，心也跳得更快，喉咙依然梗塞。这时，医生劝他到外面去透透气，吉姆照做了，但依然无法阻止内心的焦虑和恐惧。一周过去了，吉姆回到家里，他感觉死神快降临了。朋友告诉吉姆："赶快打消你的猜疑！如果你到明尼苏达州罗切斯特市的梅欧兄弟诊所，你就可以彻底地弄清病情，而不会失去什么，赶快，立即行动。"吉姆听从了朋友的建议，他来到了罗切斯特，实际上，吉姆担心自己会在路途中突然死亡。

在梅欧诊所，医生给吉姆做了全面检查，医生告诉吉姆："你的症结是吸进了过多的氧气。"吉姆先是一愣，然后大笑了起来："那真是太愚蠢了，我怎样对付这种情况呢？"医生说："当你感觉呼吸困难、心跳加速的时候，你可以向一个袋子呼气，或者暂时屏住气息。"医生递给吉姆一个纸袋，吉姆照办了，结果，他发现自己的心跳和呼吸都变得很正常，喉咙也不再梗塞了。当他离开诊所的时候，他已经变得容光焕发，原来这一切的症结都是因为内心的焦虑和恐惧。

焦虑和恐惧就是一种负面情绪，长期的焦虑和恐惧会让我们相信，某个想象中的事情变成现实，然而，就是在这样的消极心理中，那些预感中会发生的事情还是发生了，到最后，我们的焦虑和恐惧越来越严重，以致身体真的出现了疾病。心理不健康，诸如焦虑或恐惧，到导致我们的身体不健康。

情绪启示

相比较负面情绪而言，积极的心态给人向上的信心和希望，鼓舞人不断地追求幸福生活。现代社会是一辆疾驰的列车，它更需要能量的驱动，负面情绪就好像劣质的汽油，会对列车造成致命的伤害，甚至引发故障而抛锚，因此，我们只有创造更多的好心态，列车才能安全地驶向远方。不过，在消灭负面情绪，创造好心态之前，我们还需要了解为什么那么多人会遭受负能量的折磨。

1.执着负面情绪会上瘾

当一个人总是沉浸在负面情绪中，时间长了是会上瘾的，这就好像吸毒一样。比如，失恋的女孩子总会想办法去打探前男友的消息，总也控制不住自己，一旦有渠道可以听到前男朋友的消息，她就兴奋，听到消息之后，或悲伤或高兴，但更多的是把她带到过去痛苦的感情世界里，结果，她越是强迫自己忘记，越是深陷其中。

2.人总是可怜地想破罐子破摔

一旦一个人被负面情绪所困扰，在他体内全是负能量在冲撞，那他已经开始放弃自己了。不管怎么样，我们永远需要认清一个事实，那就是在这个世界上，没有谁可以打败自己，除了你自己。假如你总是画地为牢，将自己牢牢设限在某个位置，破罐子破摔，那你永远走不出来。

◆ 自生自气，源于内心的自卑

生气的理由有很多，其中，有一个理由却是异常特别的，许多人之所以生气是因为自己有某些缺点。这样的理由听起来似乎有点令人啼笑皆非，为自己的缺点而生气？如果一个人太自卑，看自己哪里都是缺点，那么，他内心的气恐怕是发泄不完的，源源不断，或许，每天的生活除了生气还是生气。子曰：“不患人之不知己，而患人之不己知。”对于一个人来说，最担心的事情就是自己不够了解自己，更为关键的是，不懂得欣赏和肯定自己，因为有时候那些莫名其妙的怒火其实是源于内心的自卑。他们习惯对自己挑剔，总是觉得这里不满意，那点也不如意，诸如，身高不够高，身材不够性感，脸蛋不漂亮，家庭条件不够好，等等，这一切都可以成为他们生气的理由。对此，心理专家建议我们：不要自生自气，学会肯定并欣赏自己，千万不要自己找气生。

林黛玉刚刚进荣国府的时候，对她就有一句评语："心较比干多一窍。"后来，林黛玉看到史湘云挂了金麒麟，宝玉最近也得到了一个金麒麟，林黛玉便开始生气："便恐就此生隙，同史湘云也做出那些风流佳事来。"于是，林黛玉便去偷听，结果却听到了宝玉厌烦史湘云劝他留心仕途经济的话，宝玉说："林妹妹不说这样的混账话，若说这话，我也和她生分了。"黛玉听到这样的话："不觉又惊又喜，又悲又叹。所喜者，果然眼力不错，素日认他是个知己。所惊者，他在人前一片私心称扬于我，其亲热厚密，竟不避嫌疑。所叹者，你既为我之知己，自然我亦可为你之知己，既你我为知己，则何必有金玉之论哉；既有金玉之说，亦该你我有之，则又何必来一宝钗哉！所悲者，父母早逝，虽有刻骨铭心之言，无人为我主张。况近日每觉神思恍惚，病已渐成，医者更云气弱血亏，恐致劳怯之症，你我虽为知己，但恐自不能久持；你纵为我知己，奈我薄命何！"

有一次看戏，大家都看出那个演小旦的有点像林黛玉，只是都不肯说，史湘云却是快人快语，一下子就说了出来，林黛玉感觉到自己受辱了，马上就生气了。怕黛玉生气，宝玉使眼色给史湘云，本来宝玉是一片好意，黛玉却是更加生气。

后来，黛玉说起宝琴来，想到自己没有姐妹，不免心中怨气，又哭了，宝玉忙劝道："你又自寻烦恼了，你瞧瞧，今年比去年越发瘦了，你还不保养，每天好好的，你必是自寻烦恼，哭一会，才算完了这一天的事。"黛玉拭泪道："近来我只觉得心酸，眼泪却好像比旧年少了些的，心里只管酸痛，眼泪却不多。"宝玉说道："这是你平时哭惯了心里疑的，岂有眼泪会少的！"

林黛玉自己也明白，自己的病是因性情所起，但是，她却没有为之做出改变，真是令人叹息。虽然，林黛玉各方面条件都不差，但是，父母都已经不在人世，自己又寄人篱下，心中未免有点自卑，这成为了其怨气的根源。在林黛玉身上所体现出来的特点是：既才华出众，却又多疑多惧。很多时候，她不懂得欣赏自己，自然就没有办法快乐起来，怨气越来越重，最终成为了一种病。

情绪启示

索菲亚·罗兰刚刚进入演艺圈，制片商给予了善意的“建议”：“如果你真的想干这一行，就得把鼻子和臀部‘动一动’。”但是，肯定并欣赏自己的索菲亚却拒绝了这样的建议，她说：“我懂得我的外形和那些已经成名的女演员不一样，她们都相貌出众，五官端正，而我却不是这样，我的脸毛病很多，但这些毛病加在一起反而会更加有魅力，说实在的，我的脸确实与众不同，但是，我为什么要和别人一样呢？”索菲亚的自我欣赏与肯定，使她被誉为了世界上最具自然美的人。

1.你比你想象中还要漂亮

有一个衣衫不整、蓬头垢面的女孩，她长得很美，不过，总是表现得满脸怨气。有人跟她聊天，她也显得心不在焉。有一天，一位心理学家惊讶地告诉她：“孩子，你难道不知道你是一个非常漂亮、非常好的姑娘吗？”“您说什么？”姑娘有些不相信地看着对方，美丽的大眼睛里有泪，更多的是惊喜。原来，在生活中，她每天所面对的都是同学的嘲笑、母亲的责骂，在这样的过程中，她已经失去了自信，而自卑则成为了她怨气的根源。

2.接纳自己的缺点

无论自己有着多么独特的缺点，都不要嫌弃它，我们需要以一种欣赏的眼光来看待，因为这个世界不需要大众化的美，而需要独特的美丽，在这一点上，每一个人都应该相信自己拥有一份与众不同的美丽，请学会欣赏与肯定自

己吧，不要总是在自己身上找气。事实上，每个人都不是完美的，可能在我们的身上有一些可爱的缺陷，但是，无论是缺点还是优点，那都是我们自己，我们首先就应该接受并欣赏自己。即使在某一方面做不到绝对的完美，那又有什么关系呢？这根本没有必要把它当作一个生气的理由，否则，除了生气，我们已经没有别的时间和精力来做其他的事情。

◆ 不服气，所以自怨自艾

日常生活中，如果我们仔细观察孩子，就会发现在他们身上有一个有趣的特点：总是为得不到的玩具或某种东西而生气，尤其是对于自己特别想要的东西。难道这个特点只存在于孩子身上吗？当然不是，即使在许多成年人身上，也会多多少少显露出这样的特点。一个人若是特别想要某种东西，却突然间得知自己不能获得，一种强烈的失望感会涌上来，另外，内心会自然地愤怒；有时候，即使他不是特别希望得到某种东西，但是，在同样的条件下，旁边的人却得到了，他也会愤怒，这是源于内心的不服气。这样一些不服气的人，他们总是在为得不到的而生气自艾。

前不久，销售部的李姐因为出现了财务问题被降职了，所以部门经理的位置空缺了出来。许多人都梦想着坐上这个位置，在整个销售部门，小敏与小叶的呼声最高，大家都知道，小敏与小叶虽然是同窗好友，但是，到了同一个部门，同一个岗位，似乎每一次工作都暗中较劲，成为了竞争对手。老板也感到很为难，因为两个人都很优秀，他也不知道到底由谁来担任这个职位。

就在老板感到左右为难之际，小敏推开了办公室的门，她微笑着向老板说："上次，那个大客户对我们的方案不是很满意，经过多次协商，他还是要求我们重新拟写一个方案，您看，这该如何是好呢？”听到小敏的工作报告，老板心中有了主意，他马上叫来了小叶，当着两个人的面，老板说道：“你们俩都知道上次那个客户吧，当时，那个方案是由你们两个人负责的，现在，我需要你们俩分别拟写一个方案，客户满意哪一个人的方案，谁就成为销售部门的经理。”小敏和小叶面面相觑。

一周过去了，小敏和小叶交上了各己拟写的方案，最终，客户似乎对小敏的方案更青睐。小敏成为了销售部经理，小叶对此愤愤不平，经常向同事抱怨：“我还不是一样努力，凭什么她就坐上了经理的位置，我还只是个小职员呢？”每天，小叶除了抱怨还是抱怨，工作积极性也不如以前，老板对她很有意见，没过多久，小叶就主动辞职了。

人是欲望感十分强烈的群体，看到别人获得了某样东西，他们也感觉到心痒痒，总是感到不服气：为什么我就得不到呢？于是，他们开始生气、愤怒、自怨自艾，情绪陷入消极状态中。事实上，即使自己真的很想得到某种东西，我们也应该积极地去争取，有争取才有机会获得，否则，我们除了生气，将什么也得不到。

老李夫妇在街边支起了一个小摊，老妇人大声叫卖着烙饼，老李欢快地翻动着香喷喷的大饼。虽然他们一家三口只是挤在三十平方米的小房子里，看着邻居住大别墅，开小轿车，老李从来不觉得半点怨气，心中却感激：只要我每天能够闻着那烙饼的香味吃饭，这就足够了。老李夫妇一天可以挣几十块钱，如果一天挣的超出了一百多块钱，晚餐就可以买点新鲜肉来吃了，儿子在镇上一所普通中学读书，他的成绩每次都是名列第一。对老李夫妇来说，儿子就是最大的骄傲，所以他们每天哼着小曲等着儿子放学了一起收摊。

老李还有个爱好，那就是每五天买一次彩票，以前他不知道那玩意儿能中奖，偶然情况下，他知道了，便养成了买彩票的习惯。老妇人取笑他财迷心窍，老李乐呵呵地笑着，没有说话，其实，买彩票只是给自己心里一种愉悦感，一种对幸福的憧憬。人们都说彩票中奖是天上掉馅饼的事情，可这样的好事真的被老李捡到了。老陈中奖了，一等奖一百万元。老李看着满脸皱纹的老太婆，嘴里嘟囔着，说不出话来。晚上，全家人坐在一起，拿着那张小小的彩票激动不已，老妇人连晚饭都忘记了做。老李提议，全家人一起去隔壁餐馆吃，儿子叫好，老妇人笑着点头。

第二天，老李拿着彩票去兑奖了，摸着鼓鼓的腰包，他都不知道说什么好。全家人决定，把钱全部存银行，留着以后儿子上大学、出国用。老李夫妇还是在街边做那小摊生意，笑容似乎都没有变过，街坊邻居纷纷说："老李家根本没有中奖""是啊，要是中奖了，还会再卖烙饼吗""嗯，早搬到县城去了，哎，可怜的老李家"……偶尔有人问老李，你真的中奖了吗？老李既不否认也不承认，只是乐呵呵地笑着。

中奖，住别墅，开轿车，这是多少人梦想中的事情啊，但这对于老李一家人来说，这远远比不上一家人能够安安乐乐地吃一顿饭。感受着简单而淳朴的幸福。

情绪启示

有时候，面对人生的一些际遇，我们要学会服气，放下心中的自怨自艾，以积极乐观的心态来面对每一天的生活，不要为一些不值得的事情而生气。

1.消减自己的欲望

当然，我们还需要有效地消减内心的欲望，不要总是什么东西都梦想着得到，正所谓"得之我幸，失之我命"，获得是一种幸运，我们应该为此感激；失去是一种宿命，我们也不应该去怨天尤人。以这样健康的心态，我们才能够坦然面对生活中的每一天。

2.淡然面对生活中的得与失

得到与失去，它们就如同一对孪生兄弟，有时候，我们真的没有必要去埋怨、计较得失，只要我们能常怀一颗乐观豁达的心，微笑着面对人生，这就足够了。不要总是不服气，试想，即使自己得到了全世界又能怎么样呢？

◆ 悲观的心境，只会令自己更加焦虑

马克·吐温说：“世界上最奇怪的事情是，小小的烦恼，只要一开头，就会渐渐地变成比原来厉害无数倍的烦恼。”对于那些有着悲观心境的人来说，就恰似心中长了一颗毒瘤，哪怕是生活中一点小小的烦恼，对他来说，都是一种痛苦的煎熬。每天增加一点点不愉快，毒瘤在消极情绪的养分下不停地生长，直到有一天，毒瘤化脓，开始散发出阵阵恶臭，而他已经被悲观所吞噬了。悲观，它是一种比较普遍的情绪，面对生活中诸多的不如意，每个人有可能都要悲观一下，然而，许多人尚未意识悲观的危害性。有的人甚至认为，悲观也没有大不了的，又不是抑郁症。可是，据心理学家观察，长时间的悲观心境，会让一个人感到失望，丧失其心智，他长期生活中在阴影里，自己也变得气郁沉沉。所以，远离悲观的心境，调整自己的情绪，走出悲观的阴霾，做一个乐观积极的人。

有两位年轻人到同一家公司求职，经理把第一位求职者叫到办公室，问道：“你觉得你原来的公司怎么样？”求职者脸色满是阴郁，漫不经心地回答说：“唉，那里糟透了，同事们尔虞我诈，勾心斗角，我们部门的经理十分蛮横，总是欺压我们，整个公司都显得死气沉沉，生活在那里，我感到十分的压抑，所以，我想换个理想的地方。”经理微笑着说：“我们这里恐怕不是你理想的乐土。”于是，那位满面愁容的年轻人走了出去。

第二个求职者被问了同样一个问题，他却笑着回答：“我们那里挺好的，

同事们待人很热情，互相帮助，经理也平易近人，关心我们，整个公司气氛十分融洽，我在那里生活得十分愉快。如果不是想发挥我的特长，我还真不想离开那里。”经理笑吟吟地说：“恭喜你，你被录取了。”

前者是悲观者，在他的生活天空始终笼罩着乌云，因此，他看什么人和事都是阴郁的，一份美好的生活摆在他面前，他却认为“糟糕透了”；后者是典型的乐观者，阳光始终照射着他的生活，即使是再糟糕的生活在他看来，也是十分美好的。悲观者看不到未来和希望，所以，他面临了求职的失败，或许，在人生的道路上，还有更多的失败在等着他，除非他能够换一种心境。

有两个人，一个叫乐观，一个叫悲观，两人一起洗手。刚开始的时候，端来了一盆清水，两个人都洗了手，但洗过之后水还是干净的，悲观说：“水还是这么干净，怎么手上的赃物都洗不掉啊？”乐观却说：“水还是这么干净，原来我手一点都不脏啊！”几天过去了，两个人又一起洗手，洗完了发现盘里的清水变脏了，悲观说：“水变得这么脏啊，我手怎么这么脏？”乐观却说：“水变得这么脏啊，瞧，我把手上的脏东西全部洗掉了！”同样的结果，不同的心态，那么就会有不同的感受。

拥有悲观心境的人，他们只是一味地抱怨，他所看到的总是事情的灰暗面，哪怕是到了春天，他所能看到的依然是折断了的残枝，或者是墙角的垃圾；拥有乐观心境的人，他们懂得感恩，在他的眼里到处都是春天。悲观的心境，只会让自己气郁沉沉；乐观的心态，会让自己感受到阳光般的快乐。

情绪启示

里根在小时候是一个乐观的孩子，有一次，爸爸妈妈送给里根一间堆满马粪的屋子，一会儿，他们来到里根的门口，发现里根正兴奋地用一把铲子挖着马粪，看到爸爸妈妈来了，里根高兴地叫道：“爸爸，这里有这么多马粪，附近一定会有一匹漂亮的小马，我要把这些马粪清理干净，一会儿小马就来了。”

1.战胜抑郁症，你也能成功

可能，谁也没有想到过，美国最著名的总统之一——林肯竟然曾是抑郁症患者。当时，林肯在患抑郁症期间，他曾说了这样一段感人肺腑的话：“现在我成了世界上最可怜的人，如果我个人的感觉能平均分配到世界上每个家庭中，那么，这个世界将不再会有一张笑脸，我不知道自己能否好起来，我现在这样真是很无奈，对我来说，或者死去，或者好起来，别无他路。”幸运的是，最后，林肯战胜了抑郁症，成功地当选了美国的总统。

2.悲观心境是成功路上的绊脚石

对于每一个人来说，悲观的心境就像是漂浮在天空中的乌云，它遮住了生活的阳光，长时间下去，我们自己也会变得气郁沉沉。所以，远离悲观，放弃心中的怨气，让阳光照进生活中。事实上，悲观给我们生活所造成的影响是巨大的，一个有着悲观心境的人，无论是生活还是工作，他都没有办法获得成功。甚至，那一种悲观的心境还会有意或无意地成为其成功路上的绊脚石。

◆ 远离比较，你就是独一无二的

在这个世界上，每个人都是独一无二的，你可能就是那一颗等待发现的金子。然而，在现实生活中，一些人总是处处与他人比较，觉得自己不如别人优秀，似乎这辈子自己真的一事无成了。事实上，对于我们每一个人来说，命运是公平的，每个人都有自己的价值，这是容不得怀疑的，我们所需要做的就是欣赏自己，认清自己的价值。比较，它所带给我们的只是失落、沮丧、烦恼、生气，更为关键的是，比较之后，我们会变得不自信，开始怀疑自己的能力，甚至会变得自暴自弃。所以，不要处处比较，为自己平添烦恼，其实，我们就是那独一无二的“宝藏”。

约翰上中学的时候，由于平时学习不积极，成绩很差，每次考试都是倒数第一。面对这样的约翰，老师说：“你已经无可救药了。”身边的同学也看不起他，约翰感到十分沮丧，他觉得自己这辈子也不会有什么出息了。

有一天，老师在班里兴奋地宣布，将有一位著名的学者到班上做实验。约翰心想，这和我有什么关系呢？不过，约翰从同学那里了解到，这位学者是研究人才心理学的，据说他有一台神奇的仪器，能预测出谁未来会获得成功。约翰有点生气，心想：这和我更没有关系，我成绩这么差，未来怎么可能获得成功，成功只属于那些成绩好的同学。想着，约翰干脆出门玩去了。

著名学者终于来了，老师点了5个同学的名字，其中包括了约翰。约翰感到十分紧张：难道自己又要受批评？来到了办公室，那位著名的学者讲话了：“孩子们，我仔细研究你们的档案和家庭以及现在的学习情况，我认为你们5个人将来会成大器的，好好努力吧。”约翰感到一阵眩晕，以为自己听错了，可是，看着在场人的表情，约翰知道这是真的。原来自己与那些成绩优秀的人是一样的，约翰的成绩很快就上来了，再也没有人说他是无可救药了。

本来，由于约翰自己学习不积极，成绩已经很糟糕，而老师和同学都看不起自己，约翰感觉到自己一无是处。或许，在平常的学习生活中，约翰常常与那些所谓的尖子生比较，结果，越比较越泄气，内心的怨气让他开始“破罐子破摔”。所以，当老师宣布著名的学者将要来的时候，约翰自然而然地将自己划分为“失败者”这一行列，而这样的结论正是长期的比较中得出来的。没想到，著名学者的巧妙暗示却成为了约翰走向成功之路的助推器，通过学者的话语，约翰明白了，原来自己才是独一无二的人才。对此，约翰的内心受到了鼓励，不再泄气，不再抱怨，不再比较，他开始朝着成功的方向前进。

一位学者感觉到自己的日子已经不多了，他想考验和点化一下自己那位看起来很不错的助手。于是，他把助手叫到床前说："我需要一位最优秀的传承者，他不但要有相当的智慧，还必须有充分的信心和非凡的勇气……这样的人直到目前我还没有见到，你帮我寻找和发掘出一位，好吗？"助手坚定地回答说："好的，好的，我一定竭尽全力去寻找，不辜负您的栽培和信任。"

于是，这位助手就开始想尽一切办法来为老师寻找继承人，然而，每次他领来的人都被学者婉言谢绝了。有一次，已经病入膏肓的学者挣扎着坐起来，拍着助手的肩膀说："真是辛苦你了，不过，你找来的那些人，其实还不如你……"半年之后，眼看学者就要告别人世，但最优秀的人还是没有找到，助手十分惭愧，泪流满面地对老师说："我真对不起您，令您失望了！"学者叹息着说道："失望的是我，对不起的却是你自己……本来最优秀的人就是你自己，只是你不敢相信自己，总是与他人相比较，才把自己给忽略、耽误、丢失了……其实，每个人都是优秀的，差别就在于如何认识自己、如何挖掘和重用自己……"话还没有说完，学者就永远离开了这个世界，而那位助手一辈子都活在了深深的自责之中，他认为自己辜负了老师的希望。

爱默生曾说："你，正如你所思。"每个人都梦想着成为最优秀的那一个，事实上，我们真的可以成为那样的人。没有谁能够保证你不能成功，既然没有办法否定这一事实，为什么不试一试呢？

情绪启示

比较的根源是不自信，因为不自信，所以才想通过比较来找回自信，可是，大多数人在比较中不仅没能找回自信，反而变得自卑。甚至，在比较的过程中，当他们意识自己远远不如别人的那一刹那，他们的心中是充满怨气和愤怒的，最后，他们只能成为庸庸碌碌的人。

1.垃圾是放错位置的财宝

科南特说："垃圾是放错了位置的财宝，对哈佛大学来说，重要的不是出了7位总统和30多位诺贝尔奖获得者，而是让进哈佛的每一颗金子都发光。”智者与庸者的差别在于，智者从来不与他人比较，他们相信自己就是永远的独一无二；而庸者总是沉迷于比较游戏中，他们在比较中丢失自我，满腹怨气，最后，他们成为了平庸的人。

2.每个人都是独一无二的

相反，如果在你的生活中，总是习惯与别人比较，不敢相信自己，逐渐忽略自己、迷失自己，或许，未来的你将会一事无成，而且，有可能你的余生将在烦恼和抱怨中度过。上帝告诉我们：每一个人都是一座宝藏，在我们的内心有着无限的潜力和能力，不要去比较，而是通过不懈的努力来挖掘自己的宝藏，其实你就是独一无二的那一位。

◆ 自己喜欢就行，不用讨好任何人

心理学家认为：一个人若是遵从内心的感受，选择自己喜欢的生活方式，他是感觉不到累的。那么，我们所感觉到的累是怎么回事呢？大多数都有这样的经历：上学的时候，父母总是指着隔壁的孩子说：“瞧瞧人家，成绩多优秀，你得向他看齐。”大学毕业了，父母长辈都说：“还是当个老师，或者考考公务员，这才是铁碗饭，其他的都不是什么正当的工作。”工作的时候，上司总是告诉你这样不对，那样不对。我们生活的最初点，似乎都是在讨好所有的人，而从来没有讨好过自己。事实上，我们要懂得这样一个道理：你不需要讨好所有的人，只有自己喜欢才是最重要的。

小资是一名歌手，以前，她也有过抱怨的时候，每次上节目，她都会抱怨：“自己太辛苦，实在受不了压力太大的生活，有时候，为了讨好歌迷、媒体，我一年发行两张专辑，但是，自己又想把工作做得更好，这样的工作量简直令我崩溃。”以前的工作时间安排得很紧，白天上通告做宣传，晚上，还要去录音棚完成下一张专辑的录制，这样的生活超出了小资可以承受的范围，每天，她都感觉到很累，但是，心中的怨气却无处诉说。最后，在内心快要崩溃的时候，她选择了退出歌坛。

在四年的休息时间里，小资做自己喜欢的事情，她说：“以前大家都是看我怎么变化，现在我是用自己的脚步来看大家的改变。虽然，现在，我年纪大了，似乎变得老了一些，但是，年龄并不是我能掩盖的东西，我也想永远年轻，但是，却懂得这就是时间给我的礼物。在我成长的过程中，我得到的最大一份礼物是不用费劲去证明，只需要做自己喜欢的东西，跟着自己的步伐，在以后的时间里，如果我能完全坚持自己的选择，那就是最好的生活。”或许，年龄对于小资来说，似乎变得大了一些，但是，正是这样一个年龄，是一个不需要讨好任何人的时候。最近，小资复出了工作，在工作上，她已经与唱片公司达成了一致的意见，不需要拿任何事情炒作新闻，同时，不需要为了赢得名气而故意报唱片的数字，自己可以自由自在地唱歌，这是小资最喜欢的一种状态。

她这样告诉所有的媒体：“我不需要讨好所有的人，我只需要做自己喜欢的事情。”然而，就是这样一句话，令所有的媒体工作者既羡慕又嫉妒，因为，对于媒体工作者，他们的工作就是在讨好所有的人，从而将自己的委屈和自尊放弃。每天，都有许多人为了人际交往，为了生存而讨好他人，他们这样的过程中感到很累，甚至，感觉到心力透支。到底是为了什么，我们需要对身边所有的人尽力讨好呢？

王娜是同事们公认的“好人缘”，或者说，她是一个从来不唱反调的人，在任何时候，她的观点都与大家一样。在办公室里，一个东西，只要是同事们都说“这个东西真的很好”，她就会随声附和“真的很好啊”；一件衣服，同事们都说漂亮，她也会表示同意“颜色十分均匀，款式也很新颖”；一份策划案，大家都说不错不错，她也会承认“设计比较独特，很不错”。于是，只要王娜在办公室，大家都喜欢问她的意见，虽然从来都知道她不会说一句反驳的话，但是，大家似乎成为了一种习惯，凡事都希望王娜能够说两句好听的话。这可给王娜带来了许多烦恼，每天，为了应付那些同事，总说“好啊，这个好”、“不错，不错”，即使心里面觉得这个东西真的不咋样，但是，为了赢得一份好人缘，以免得罪同事，王娜还是满脸笑容说：“我觉得很不错。”

可是，每天回到了家里，王娜就开始抱怨声声了：“真累！搞不懂那些同事是什么欣赏眼光啊，明明那个东西没有什么用，偏偏宝贝得不得了；一件过了季的衣服，还说漂亮；策划案完全是抄袭网上的，大家都称赞得不行，为了应付他们，每天真的好累！”同居的好友张莉笑着说：“既然累，干吗不做回自己，说自己喜欢的话，做自己喜欢的事情，干嘛搞得自己这么累，我就从来不说违心话，得罪了他又怎么样？我还是照样工作。”王娜叹息着：“唉……”

对此，一个公认的“好人缘”却有一肚子苦水需要倒：“每天，我觉得我都不是为自己在生活，而是为别人在活，为了讨好他们，我把自己喜欢的一切都放弃了，最后，他们还是不满意。白天，戴着微笑的面具，晚上回到家，没有人愿意分担我的烦恼。我感觉到内心有股气，它在不断地积累，膨胀，我害怕有一天自己会崩溃。”在日常交际中，与他人建立良好融洽的关系是极其重要的，但是，并不要以放弃自己喜欢的为代价，我们并不需要讨好所有的人，有时候，保持自己的个性，往往会令我们有意外的收获。

情绪启示

在日常生活中，我们都会羡慕那种所谓的“好人缘”，似乎每个人跟他都能聊到一块去，更关键是，他所说的每一句话，所做的每一件事，都是按照大家的心思而来的，他没有理由不受到大家的喜欢。

1.讨好别人，会丧失自己的生活

在公司，上司说这个方案不行，他一句话不说，马上改成了上司喜欢的方案；挑剔的同事说，你今天的打扮好像不太和谐，第二天，他就真的换了一套服饰；在家里，爸妈说，你新交的男朋友没有固定的工作，她就真的决定与男友分手，重新找了一个能让父母觉得满意的男朋友。在这个过程我们都会发现，自己不过是在讨好身边的人而已，我们逐渐失去了自己的生活。

2.做别人眼中的自己，很累

有人抱怨："每天活得好累，好像一刻都没有轻松过。"现代社会，越来越多的人开始抱怨自己"活"得很累，不是工作累，吃饭累，睡觉累，而是"活得"太累。难道，每天的生活真的那么累吗？如果我们只是在做自己，怎么会感觉到累呢？

第10章 寻找解开你心锁的钥匙：别陷入抱怨的泥沼里

心中的怨气不仅仅会危害我们的身心健康，还会不知不觉影响我们的运气，试想，一个经常满脸怨气的人，怎么能获得成功呢？同样，他也不能赢得生活的幸福，因为幸福是怀着一颗感恩的心，只有那些心怀感恩的人，才能收获好运气，才有可能贴近成功。

◆ 抱怨是口臭，人人避之不及

许多人喜欢抱怨，好似祥林嫂一样，见人就诉说自己儿子，逢人便哭诉自己的不幸，而且，久而久之形成了一种习惯。人们常常把抱怨当作一种宣泄的方式，由于内心苦闷积压太深，没有办法得到排解，于是，他们选择向家人或朋友“宣泄”，开始无休止的抱怨。对这样的情况，心理专家警告：“抱怨是毒品，远离抱怨，快乐地活在当下。”有人这样说：“抱怨看起来像毒品，只能获得暂时的快感，却能要了你的命。”的确，抱怨就是毒品，抱怨多了，抱怨的时间久了，自然就会上瘾，而且，最关键的是，抱怨还会伤害到自己的朋友和家人。

有这样一则寓言：

从前，有一个年轻的农夫，他平日就是划着小船，给另外一个村子的居民运送自家的农产品。那会正值天气炎热，酷暑难耐的季节，年轻的农夫汗流浃背，感到苦不堪言。为了尽快完成工作，农夫心急火燎地划着小船，以便在天黑之前能返回家中。突然，年轻的农夫发现，在前面有一只小船，沿河而下，迎面朝自己快速驶来，眼看着这两只船就要撞上了，但是，那只小船却丝毫没有避让的意思，似乎是有意撞翻自己的小船。年轻农夫心中顿时有了火气，大声对那只船吼道："让开，快点让开！你这个白痴！再不让开，你就要撞上我了！"但是，农夫的吼叫却完全不管用，那只船还是义无反顾地向自己驶来，尽管农夫手忙脚乱地为其让开水道，但为时已晚，那只小船还是重重地撞上了自己。年轻的农夫被激怒了，他怒视对面的那只小船，但是，令他吃惊的是，那只小船上空无一人，而被自己大呼小叫、责骂只是那只挣脱了绳索、顺河漂流的空船。

这个寓言故事给予我们一定的启示：再多的责骂、抱怨，也不能改变事情的发展方向。在一般情况下，当你极力抱怨的时候，尽管有人无私地当你宣泄的"垃圾桶"，但是，你所抱怨的事情绝不会因为你的抱怨而朝好的方向发展。可能，每个人都希望自己成为世界上最幸福、最快乐、最幸运的那一个。

一位喜欢抱怨的女孩走进了心理咨询室，她刚坐下，就向心理医生抱怨："我十分痛苦，因为我发现，最亲密的人也不能包容我的脆弱。"心理医生好奇地询问："比如在什么地方，他不能包容你。"女孩满脸苦恼："我向他袒露自己的痛苦，他却一点都不理解，反而指责我，这令我非常痛苦，这样的爱情有什么意义呢，我真想分手。"心理医生继续问道："你男友说了什么话，最让你印象深刻？"女孩子想了想，说道："他说受不了我的抱怨，说我总是看到事情的消极的一面，却对积极的一面视而不见。"心理医生问道："那你知道你为什么喜欢抱怨吗？"女孩迟疑了一会儿，含糊地说："因为我有个抱怨的妈妈。"

心理医生对女孩说："那男友对你的抱怨的看法，像不像你对妈妈的抱怨的看法。"女孩点点头："是的，从小到大，我饱受妈妈抱怨的折磨，但是，没有想到，我也像妈妈一样，成为了一个喜欢抱怨的女人。"心理医生安慰道："那你再多说说对妈妈的抱怨的理解和感受吧。"女孩回答说："第一感觉就是烦，然后就想逃跑。小时候，我一听到妈妈的抱怨，就想努力去改变，希望能够消除妈妈抱怨的根源，但是，即使事情有所改变，妈妈还是会抱怨。那时候，妈妈总是抱怨爸爸不给钱，但是，后来我发现，妈妈似乎从来不主动找爸爸要钱，当时，我实在难以理解，妈妈抱怨所追求的到底是什么，似乎只是在追求抱怨似的。"心理医生点点头："你妈妈已经深陷抱怨的'毒'中，而你现在的状况也很危险，再这样抱怨下去，抱怨会成为你的一种习惯，并不断地伤害那些跟你关系亲密的人。"女孩内心充满了忧虑，但是，却不知道该怎么办。心理医生向女孩建议："正如你男友所说，试着去看到事情积极的一面，怀着一颗感恩的心，这样你就会慢慢改掉抱怨的坏习惯。"

有人说："抱怨就好比口臭，当它从别人的嘴里吐露时，我们就会注意到；但从自己的口中发出时，我们却能若无其事。"想想自己身边那些喜欢抱怨的人，在他们身上似乎有到祥林嫂的影子，再回想自己的生活，自己是否也在抱怨呢？如果发现自己正陷入抱怨的泥潭，应保持警惕，一定要拒绝抱怨，快乐地活在当下。

情绪启示

哲学家厄尔·南丁格尔说："我们会成为自己想象、思考的东西。"这样一来，我们应该以快乐、幸福以及幸运的心态去面对生活和工作，面对家人和朋友。有什么理由值得我们去抱怨呢？抱怨所导致的最终结果不过是使我们成为令人讨厌的人，没有人喜欢听我们的抱怨，即使是最亲的家人和朋友，因为谁也不想当一个"垃圾桶"。

1.不要成为怨妇、怨夫

回想，可能每个人的生活都充满了太多的抱怨，甚至，突然发现自己几乎成为了一个“怨妇”或“怨夫”，有可能是生活中的一丁点不如意，就点燃了内心那些莫名的怒火和怨气，在抱怨的过程中，脾气变得越来越暴躁，内心越来越不安，心情越来越糟糕，整个人陷入了抱怨的恶性循环。往往是对一件小事的怨气会衍生到其他一些事情上，而对其他事情的抱怨又会导致更多的抱怨，自己的抱怨会招致家人和朋友的抱怨，而家人和朋友的抱怨又会招致自己更多的抱怨，如此，无限循环，周而复始，最终，我们的生命在抱怨声中画上句号。

2.没什么值得抱怨

厄尔·南丁格尔曾说：“我们所拥有的一切都是自己造成的，可是只有成功者会这样承认。”或许，对于成功者来说，成功的辉煌让他们主动承认这就是自己的功劳，相反，那些生活得十分糟糕的人，他们却不愿意承认一切都是自己造成的。既然是自己造成的，这有什么值得抱怨的呢？

◆ 停止抱怨，学会感恩

英国哲学家洛克说：“感恩是精神上的一种宝藏。”有两个人看着同样一枝玫瑰，一个说：“花下有刺，真讨厌！”另外一个人却说：“刺上有花，真好看！”前一个人挑着毛病，盯着不放，所以，在他的生活中充满了抱怨，他注定是不快乐的；而看到花的人，因为怀着一颗感恩的心，尽管刺扎手，但是，他却闻到了花朵的芬芳，所以，他能感受到幸福和快乐。这两个人代表了生活中的许多人，同样是面对生活，有的人心中充满了抱怨，有的人对此却充满了感恩之情。抱怨者怀着满腹牢骚，这样不仅解决不了任何问题，反而会增加许多不必要的沮丧和烦恼，这样，即使遇到了幸福，那有可能福也会变成祸；感恩者，用心去体味生活，在他看来，生活处处是阳光，即使遇到了祸，也能变成福。所以，请放下心中的抱怨，长存一颗感恩的心，你会发现自己会更好运。

小恩是快餐店里的一名普通员工，他每天的工作简单却又枯燥，需要不停地做许多相同的汉堡，虽然这份工作看起来没有什么新意，但是，小恩却感觉到十分快乐。无论面对多么挑剔或尖酸的顾客，小恩从来都是给予满怀善意的微笑，这么多年来一直如此。小恩那发自内心的真挚快乐，感染了许多人，同事有时候会忍不住问他："为什么你对这种毫无变化的工作感到快乐？到底是什么让你对这份工作充满了热情呢？"小恩回答道："每当我做好了一个汉堡，就想到一定会有人因为汉堡的美味而感到快乐，这样，我也就感受到了自己的作品带来的成功感，这是一件多么美好的事情，因此，每天，我都感谢上天给了我这么好的一份工作。"

或许，正是小恩那种感恩的心理，使得那家快餐店的生意越来越好，名气也越来越大，最后，小恩的事情传到了老板的耳朵里。没过多久，小恩就荣升为快餐店里的店长，对此，他更感激自己能拥有这份令人快乐的工作了。

马云曾写了《不要抱怨，学会感恩与敬畏》这样一篇文章，他在里面写道："我心里充满了感恩和运气，我还不如施瓦辛格，远远不如他……阿里巴巴走到现在为止，我想跟大家分享，我想跟大家分享，这11年以来，越到现在越充满感恩，越到现在我们越有敬畏之心……我们总埋怨外面，别人是错的，我们从来没有想过自己应该干吗，该做什么样的事情来完善自己，这些天我听到了所有的成功人士，所有经历过的人，不管他吃了多少苦，他从来没有抱怨过，施瓦辛格说我感恩，感谢美国，感谢加州，我感谢谁，感谢客户。"马云之所以能获得如此巨大的成功，有人说，是运气，的确，这就是一种运气，因为心中怀着感恩之情，所以，上天才会眷顾他，好运才会接连而来。

从前，在北边的边塞住着一位名叫塞翁的人，他十分善于推测人世吉凶祸福。有一天，塞翁家里的马从马厩里逃跑了，有人看到马越过了边境跑进了胡人居住的地方，邻居们听说了这个消息，都跑来安慰塞翁：“你不要太难过了。”谁料，塞翁一点难过的意思都没有，反而笑着说：“我的马虽然走失了，但这说不定是一件好事呢？”

几个月过去了，塞翁的马自己跑回来了，而且，随着跟来的还有一匹胡人的骏马，邻居们听说这个好消息以后，纷纷跑到塞翁家里来道贺，可是，塞翁反而有点担心地说：“白白得到了这匹骏马，恐怕不是什么好事！”

塞翁有一个儿子，他十分喜欢骑马，有一天，儿子骑着那匹胡人的骏马外出游玩，结果，一不小心就从马背上摔了下来，还跌断了腿，邻居们知道了这个坏消息都跑来塞翁家，劝他不要太伤心，没想到，这时的塞翁却一点都不难过，只是淡淡地说：“我的儿子虽然摔断了腿，但说不定是件好事呢！”邻居们感到十分诧异，心想，塞翁肯定是伤心过头，脑袋都糊涂了。

没过多久，胡人大举入侵，乡里的所有青年男子都被调去当兵，可是，大部分的年轻男子最后都战死了沙场。而塞翁的儿子因为摔断了腿不用去当兵，反而保住了性命。

习惯于抱怨的人，即使福到了，也会变成祸；而对于那些心怀感激的人，哪怕是祸来了，也会变成福。曾经，有两个人在沙漠里行走，已经艰难跋涉了许多天，两人口渴难忍，这时，他们遇到了一位赶骆驼的老人，慷慨的老人给了他们每人半碗水。面对同样的半碗水，一个人抱怨：“这太少了，怎么能解渴呢？”在心中怨气之下，他竟将这半碗水泼掉了，另外一个人虽然也知道这半碗水难以解除自己身体的饥渴，但是，他怀着一份发自内心的感恩，喝下了那半碗水。后来，拒绝那半碗水的人在沙漠中走完了自己人生的最后路程，而那位喝了半碗水的人则走出了沙漠，他开始了全新的生活。

情绪启示

一位哲人说："鲜花感恩雨露，因为雨露滋润它茁壮成长；苍蝇感恩长空，因为长空任它自由飞翔；高山感恩大地，因为大地使它高耸；大海感恩小溪，因为小溪助它辽阔博大。"

1.心灵不要总是被自己占据

萧伯纳说："一个以自我为中心的人，总是在抱怨世界不能顺他的心。"如果一个人的心灵总是抱怨占据，那么，即使是面对再好的东西，他也会从中挑出骨头来。

2.感恩会带来好运

所以，对于人生来说，抱怨永远是个负数，要想人生处处充满阳光，我们就应该以感恩代替抱怨，放弃抱怨，停止抱怨，用感恩取代抱怨，以积极的心态去面对社会，面对这个世界。在很多时候，如果我们用感恩取代心中的抱怨，你会发现好运会接踵而至。

◆ 与其抱怨，不如马上行动起来改变生活

英国著名作家奥利弗·哥尔德斯密斯曾说："与抱怨的嘴唇相比，你的行动是一位更好的布道师。"面对生活里的一丁点不如意，人们最普遍的习惯是抱怨，不停地抱怨，抱怨父母不理解，抱怨社会太现实，抱怨朋友的欺骗，于是，抱怨成为了一种习惯，然而，那些不如意的事情、悬而未决的事情并没有得到真正的解决，自己的情绪反而因为抱怨而陷入了恶性循环，这就是抱怨所带来的负面影响。我们所生活的世界每天都在发生变化，关键的是，我们自

己给这个世界带来了什么样的变化？对于大多数人来说，每天所做的最多的事情就是抱怨这样或那样，这些情绪会逐渐形成负面的改变。对此，心理学家认为，学会关注他人，尊重他人，为其提供礼貌、周到的服务，则会造成积极的改变。所以，停止抱怨，将这样一种怨气付诸于实际行动吧！

从前，有一位年老的印度大师，在他身边有一个喜欢抱怨的弟子。有一天，印度大师让这个弟子去买盐，等到弟子回来后，大师吩咐这个喜欢抱怨的弟子抓一把盐放在一杯水中，然后喝了那杯水，弟子按照师傅的吩咐一一做了，大师问道："味道如何？"呲牙咧嘴的弟子吐了口唾沫，说道："苦！"

大师一句话没说，又吩咐弟子把剩下的盐都撒入了附近的一个湖里，听从师父的吩咐，弟子将盐倒进湖里。大师说："你再尝尝湖水。"弟子用手捧了一口湖水，尝了尝，大师问道："什么味道？"弟子回答说："味道很新鲜。"大师继续追问："那你尝到咸味了吗？"弟子回答说："没有。"这时，大师才微微一笑，说道："其实，生命中的痛苦就像是盐，不多，也不少，在生活中，我们所遇到的痛苦就这么多，但是，我们体验到的痛苦却取决于将它放在多么大的容器里，所以，面对生活中的不如意，不要成为一个杯子，老是抱怨，而是成为湖泊，去包容它，通过实际行动来改变自己的现状。"弟子若有所悟地点点头。

什么是抱怨呢？有人说这是一种宣泄，一种心理平衡，似乎抱怨可以将那些不如意的事情发泄出来。每天，每个人可能都会面对许多不如意的事情，如果只是一时的抱怨，这还可以接受，但是，有时候，抱怨久了就会形成习惯，而抱怨的根源是对现实的不满意。

王小姐是公司负责企划案的经理，最近，手头刚刚接了一个企划案，可是，需要另外一个部门的配合才能有效地执行方案。可是，令王小姐感到苦恼的是，自己的搭档因为觉得所附加的工作量太多，不愿意去做，而且，还责怪王小姐："我最近都很忙啊，你还拿这样的企划案来找我，真是没事找事。"

王小姐心中一肚子怒火，忍不住找同事抱怨：“咱们都是为工作，我们行，她怎么就不行呢？”说着说着，王小姐发现自己的怒火越来越大，甚至，哪怕是看见另外一个部门的员工，心中的火气就“腾”地一下冒起来了。

不过，抱怨了事情还是没有解决，王小姐意识到这根本不能解决问题，自己需要沟通。她心想：抱怨毕竟只是发泄，解决不了问题，既然是为了工作，那就是对事不对人，我得找她沟通去。后来，王小姐找了一个机会把自己的意图跟工作中的搭档解释了一下，对方竟欣然接受了即使加班也要完成工作的要求。工作任务完成之后，王小姐常常舒了一口气，说道：“如果当初我继续抱怨下去，就会影响我跟她继续合作的情绪，工作肯定完成不了，看来，以后，我得少抱怨，多行动才行啊！”

有时候，我们在工作中会遇到一些人际麻烦，有的人处理方式是跟其他人抱怨，这无疑是制造了一个“三角问题”，自己和工作搭档有问题，却和另外一个人去讨论这些事情。事实证明，一味地抱怨根本解决不了问题，改变事情现状最有效的方式是改变，而只有行动才能改变事情。所以，请停止抱怨，放弃抱怨，立即开始行动吧！

情绪启示

1.过分抱怨会令人丧失行动力

阿尔伯特·哈伯德曾说：“如果你犯了一个错误，这个世界或许将会原谅你，但如果你未做任何行动，这个世界甚至自己都不会原谅你。”抱怨，它只是一种语言而不是行动，当一个人过多地被语言困扰的时候，他会失去行动力。当然，将抱怨转化为动力，我们还需要拥有广阔的胸襟，只有看透了抱怨的实质，我们才有可能将怨气化为动力。

2.行动比抱怨更有效

一个人来到这个世界上，面对生活中的诸多不如意，我们只有两个选择，要么接受，要么改变。抱怨成为了接受事实的一个阻碍，我们总是想到：这件事对我是不公平的，这样的事情怎么会发生在我的身上呢？我怎么能接受这样的事情呢？所以，一种强烈的倾诉欲望开始萌发，我要去对别人诉说，以此证明我的无辜和委屈，于是，在我们抱怨的时候，我们已经失去了去改变这件事情的机会。那么，当我们无休止抱怨的时候，有没有想过比抱怨更好的解决方法呢？

◆ 珍惜眼前幸福，化解内心怨气

幸福在哪里？哲人说：“幸福不需要寻找，它就像一颗草，散布在葱绿的田野，到处都有。”或许，有人对此表示怀疑：真的是这样吗？我怎么没有感觉到呢？那些没能幸运地感受到幸福的人，在他们心中充满了怨气，怨气的浓雾模糊了他们对幸福的感觉。幸福其实就在每个人的身边，时时刻刻环绕着自己，时时刻刻惠顾着自己，怎么会感觉不到呢？每天，我们能从母亲手中接过饭碗，吃上香甜可口的饭菜，内心感激有一个疼爱自己的母亲；坐在桌边读着朋友的来信，内心感激有一个难得的知心朋友；坐在阳光洒落的办公室，内心感激拥有一份自己喜欢的工作。

刚认识他的时候，小娜是一个刚刚毕业的大学生，他却是一个落魄的穷书生，虽然，“大学老师”听起来很光鲜亮丽，但对于年轻的他来说，却是什么都没有，只有一间十几平方米的小屋。因为爱情，小娜还是选择了跟他在一起，朋友表示难以理解：“他什么都没有，你跟他在一起会幸福吗？”小娜脸上洋溢着幸福和快乐，说道：“但是，他陪在我身边，我很珍惜跟他在一起的日子。”

结婚后，他转行做生意，虽然满脸书生气，但在复杂的商海里，他却如鱼得水，应付自如，很快就成为了一个成功的商人。小娜还是那张幸福的笑脸，在家里照顾孩子和他，一举一动都充斥着爱的气息。无论他晚上回来有多晚，小娜总是将热腾腾的饭菜端上来，她明白在外应酬大多数时候都是喝酒，她担心他的胃。有时候，总有一些闲言碎语，说着公司那个美丽的女秘书，可小娜却笑着回应："应该感激有这样能干的秘书帮助他，我在家里也省心了。"这话被传到了公司，渐渐地，女秘书竟成为了小娜的闺中密友。一转眼，小娜结婚也有十年了，有人问她幸福的秘诀是什么，小娜只是微微一笑，说道："幸福就是怀着一颗感恩的心。"

在西方流传着这样一句谚语："所谓幸福，是有一颗感恩的心，一个健康的身体，一份称心的工作，一位深爱你的爱人，一帮可信赖的朋友。"在这里，感恩是幸福之首，获得幸福的首要条件是拥有一颗感恩的心，知感恩，你才会获得真正的幸福。有的人不懂得珍惜眼前的幸福，总觉得别人都是欠自己的，总认为别人对自己不够好，总觉得自己的生活不够完美，在抱怨声中，他们亲手抛弃了幸福。

在办公室，经常听到阿兰这样的声音："办公室工作，清闲倒是清闲，可没有什么油水，不像你们做业务的，一笔单子就相当于我干一年……""什么？你的年终奖有1万啊？凭什么你们公司这么大方啊？我跟你的工作差不多，可我的年终奖才不到3000，还是你们公司好，真大方……""你老公真有本事，都自己开公司了，哎，哪像我那位，只能是打工仔的命咯……"在同事们看来，阿兰太喜欢比较了，远到以前的同学，近到现在的同事，她都要比一比，常常是絮絮叨叨地抱怨："比我强？凭什么？"

在公司，同事们都避开她，中午大家在食堂吃饭，只要是阿兰在场，同事们都会主动谈起自己的倒霉事："哎呀，我昨天又丢了一张大单子，损失不小哇……"大家都觉得，若是谈论一些倒霉的事情，这样会相对降低阿兰的心里敏感度。时间长了，阿兰也知道了同事们的用心，有时候，她也这样问自己："我只不过才工作一年，而且这份工作又稳定，衣食无忧，还有什么不满意的呢？"同事也经常安慰："你看你，这么年轻就做办公室工作，多有福气……"逐渐地，阿兰懂得感恩，开始珍惜自己眼前的幸福与快乐，那些比较、抱怨的声音越来越少了。

许多人都有这样一个特点：过分地去比较，而忽视了自身的价值。在日常生活中，他们所关注的是，谁又升职了，谁又买房子，谁又换车了，再想想自己的生活，却是一成不变，心里失去了平衡，抱怨就开始了。事实上，没有升职，没有房子，没有车子，我们依然可以幸福，幸福并不是建立在比较之上，而是珍惜眼前。所以，请珍惜眼前的幸福，用感恩的心驱走心底的怨气。

情绪启示

托尔斯泰说："我并不具有我所爱的一切，只是我所有的一切都不是我所爱的。"当一个人内心充满了感恩，那么，他对生活就会充满了爱。而爱自己的生活，就一定会感受到幸福。

1.学会欣赏生活

人们常常身处幸福之中，却感受不到幸福的，因为缺少了那份感恩之情。学会欣赏生活中一切美好的事物，对身边每一个关爱自己的人心存感激，慢慢地，你会发现自己的需求变得越来越简单，心态也越来越平和，你能够从那看似平淡的生活中捕捉到幸福快乐的因子。所以，一个知感恩的人才是心态端正、心理健康、心智成熟的人。

2.珍惜眼前幸福

一位作家这样写道："家庭也好，单位也好，部门也好，都是由一个活生生的人组成的，要实现整体的和谐，需要每一个成员的共同努力，最主要的是大家都应保持健康的心态，应常怀一颗感恩之心。"这些都是我们眼前那稍纵即逝的幸福，如果不懂得感恩，心中必会充满抱怨：菜太咸了！朋友能出去旅行，而自己呢？每天辛苦工作，工资却少得可怜。怨气占据了一个人的心里，幸福就会擦肩而过，所以，请珍惜眼前的幸福，用感恩驱走内心抱怨的雾气。

◆ 要想成为一个强者，必先无怨

成功只会垂青那些积极主动的强者，只要你敢于担当，勇于接受来自生活的挑战，那么，任何艰难险阻都会变成坦途。对于一个强者来说，任何事情他们都会尝试着去做，因为敢于去做，到最后事情都会自然而然地变得顺畅。他们会发现，那些原来让自己思虑重重的困难，竟然只是一件小事，根本不值得抱怨。真正的强者，从来不抱怨，他们总是会把那些消极的想法从内心中扫除殆尽，让自己的内心充满阳光、充满希望。相反，一个弱者、无能的人，他们的生活总是充满了抱怨，因为无力改变现状，或者是内心根本没有想要改变现状的意识，因此，他们除了抱怨，别无他法。抱怨者，既没有解救事情的能力，他内心充满了怨气，同时，又特别容易后悔；强者，他们有着卓越的能力，在他们心中，没有怨言，因而，他们做任何事情都不会后悔，强者比抱怨者更接近成功。

小李和小王是大学同学，大学毕业后，两人签了同一家国企公司，更有趣的是，两人居然被分到同一个办公室，成为了同事。小李在大学就是赫赫有名的人物，学生会主席，沟通能力和处理问题的能力都很强；小王虽然成绩优秀，但是，在大学没有参加社团活动，相应的处事能力较弱。

在办公室里，挂着职称的科长和两名副科长都不负责做具体业务，另外两位年纪稍大，自己觉得升迁无望，每天就只想着混日子，一旦有任务分配下来，他们自然会推给小李和小王：“小伙子，多锻炼，对自己有好处……”小李每次都欣然答应，做事情十分积极，小王则相反，他觉得同样都是在办公室工作，怎么就自己一个人像打工的，接到新任务不积极，心中怨气越来越大。

前不久，公司领导决定在家属楼后面的空地上建一座三层小楼，作为“健身中心”，这项任务自然落到了办公室里。小王知道艰巨的任务又来了，索性在第二天请了病假，而最终小李接下了这个工作，科长还不断嘱咐小李：“抓紧时间啊，这可是关系全公司职工的切身利益啊。”接下来的一个月时间里，小李天天往城里跑，把那些有名的健身中心都找了个遍，又是拍照，又去图书馆查资料，每天忙得晕头转向。而小王和其他人则在办公室里休闲地喝着茶，看着报纸。没过多久，小李将图纸交给了科长，因为设计比较成功，受到了嘉奖。小王则在旁边抱怨：“哎，早知道当初我应该来接这个任务，领导太不公平了，知道那天我请假就无视我的存在，如果我接到了任务，说不定比他完成得还要漂亮……”

后来，只要小李得到了上司的嘉奖，小王都要抱怨一番：“领导对我太不公平了……”刚开始的时候，办公室同事还对小王说些打抱不平的话，可是，时间久了，大家也不怎么关心了，反而会在背后议论：“自己没本事就别吱声嘛，见不得人家好，谁知道他每天的抱怨怎么那么多，还不是自己无能，否则，领导怎么会不重用你呢……”

罗斯福说：“未经你的许可，没有任何人能够伤害你。”有的人自己办不了事情，别人办了漂亮事，他还会到处抱怨：“其实我很有能力的”“他凭什么就能得到领导的重用啊”“这件事我会比他做的更好，可领导偏偏不找我嘛”。但是，真正的结果呢，却是自己没有能力，心中才充满了抱怨。真正的强者，他所致力的是如何解决问题，如何完成这件事情，而是不是去抱怨，所以，强者最后会在努力中赢得成功，而无能的人只能在抱怨声中销声匿迹。

情绪启示

有一句话说得好：“多数人都想改造世界，但却很少有人想改造自己。”可能，左右一个人成功的因素会很多，但是，如果你连自己都不想改变，你会是一个强者吗？许多人习惯抱怨社会，抱怨他人，抱怨自己，可是，有人想过这是因为自己不够强大而遭遇的吗？

1.要想成为强者，必先无怨

一个人只有把自己定位在“弱者”的位置上，他才会觉得无法改变，从而变成了一个抱怨者。可是，为什么不让自己变得强大起来呢？努力改变自己，使自己变得强大起来，成为真正的强者，这样你就不会有任何怨言了。我们要记住这样一个道理：要想成为一个强者，必先无怨。

2.弱者只会抱怨

现实生活中，我们会发现，人们总是欣赏那些积极主动的强者，同时，还会对其充满了敬佩之情。可是，在这个世界上，真正的强者并不多，所以，世界上成功的人很少。那些所谓的庸人呢？事实上，他们是因为自己而平庸，关键的是，因为不断抱怨而平庸。有的人动不动就说“这个社会怎么怎么样”“我简直是英雄无用武之地”，其实，说出这样话的人本身不是什么强者，因为强者绝不是这样的态度。

3.抱怨只会使你更加无能

面对人生的诸多不如意，我们都不要再抱怨了，抱怨只会让自己变得更加无能，而一个强者是不会抱怨这些的。强者往往是通过改变生活来解决问题，而弱者则是被生活改变，所以，弱者成为了最后的抱怨者，强者却走向了成功。

第11章
要做一个内心强大的人：用好情绪战胜失败感

有一句这样的名言："请享受无法回避的痛苦，比别人更早更勤奋地努力，才能尝到成功的滋味。"面对挫折与失败，心中或许有气，但是，生气又如何呢？即使生气了，成功也不会降临，不妨扫去挫折的"负面情绪"，为自己打开成功的天窗。

◆ 挫折中重新塑造自己

台湾著名美学大师蒋勋曾写道："每个人完成自我，才是心灵的自由状态；每一个人按照自己想要的样子完成自己，那就是美，完全不必有相对性。天地之下可以无所不美，因为每个人都发现自己存在的特殊性。大自然中，从来不会有一朵花去模仿另一朵花；每一朵花对自己存在的状态非常有自信。"面对人生道路中的磨难，有的人选择了"枯萎"，因为他认定自己就是失败的；有的人却选择了完美地释放，因为他们坚信自己才是最美的。人生中的磨难，是我们不能避免的，它是客观存在的，既然它早已经存在，我们又何必去生气呢？它来了，我们就迎难而上，在磨难中重塑出更加完美的自己。很多人在面对磨难的时候，心底就会传出这样的声音：我战胜不了。在消极情绪的主导下，磨难还没有开始，他就主动放弃了，后来，他错过了蜕变完美的最后机会。

1921年夏天，年近39岁的富兰克林·罗斯福在海中游泳时突然双腿麻痹，后来经过诊断是患了脊髓灰质炎。这时，他已经是美国政府的参议员了，遭到了疾病的打击，他心灰意冷，打算退隐回到家乡。刚开始的时候，他一点都不能动，每天必须坐在轮椅上，但是，他讨厌整天别人把他抬上抬下，于是，到了晚上，他就一个人偷偷地练习怎么样上楼梯。经过一段时间的练习，一天他得意地告诉家人："我发明了一种上楼梯的方法，表演给你们看。"他先用手臂的力量把自己的身体支撑起来，慢慢挪到台阶上，然后再把双腿拖上去，就这样一个台阶一个台阶艰难地爬上了楼梯。母亲阻止儿子，说："你这样在地上拖来拖去，给别人看见了多难看。"富兰克林·罗斯福却断然地说："我必须面对自己的耻辱和磨难。"

历史向我们证明，磨难对于富兰克林·罗斯福来说，并没有成为其人生成功的阻碍，甚至，它在一定程度上帮助罗斯福成为了美国历史上最伟大的总统。因为磨难，罗斯福更加坚定了自己的人生追求，加快了向前的步伐，最后，他成功了。

格连·康宁罕在8岁的时候，他的双腿在一场爆炸事故中严重受伤，当时，双腿上几乎没有一块完整的肌肤。医生毫不犹豫地断言："你此生再也无法行走。"父母满脸悲伤，康宁罕却没有哭泣，而是大声宣誓："我一定要站起来！"在床上躺了两个月之后，康宁罕便尝试着下床了，为了不让父母看见伤心，他总是背着父母，拄着父母为自己做的小拐杖在房间里慢慢挪动，钻心的疼痛使他一次次摔倒，跌得浑身是伤，但康宁罕并不在乎身体上的疼痛，反而咬着牙挣扎着站起来。他坚信自己一定可以重新站起来，重新走路，甚至奔跑。经过了几个月痛苦的练习，康宁罕的两条腿可以慢慢地屈伸了，他在心底为自己默默欢呼："我站起来了！我站起来了！"

在医院里，康宁罕想起了离家两英里的一个湖泊，他怀念那里的蓝天，怀念那里的小伙伴。他想再次走到湖泊边，与小伙伴一起玩耍，有着这样一个美好的心愿，康宁罕更加坚强地锻炼着自己。两年之后，康宁罕凭借着自己的坚韧和毅力，走到了湖泊边。从此，他又开始练习跑步，把农场上的牛马作为自己追逐的对象，几年如一日，从来没有放弃过。最后，他的双腿奇迹般地强壮了起来，他不断地挑战自己，成为美国历史上著名的长跑运动员。

或许，康宁罕的身体是残缺的，但是，他的心灵却是异常完美的，即使遭受了这么大的磨难，他依然保持健康的心理，以乐观积极的心态面对。

情绪启示

齐克果说："一旦一个人自我设限，并且一直认定自己就是个什么样的人时，他就是在否定自己，甚至他不会自我挑战，只想任由自己一直如此下去，而这终将导致自我毁灭。"磨难是上天给我们的考验，它不是我们最终的归宿，甚至，它是一座人生修炼的高等学府，你是否能从这里毕业，将意味着你人生的成败，更何况，磨难带给你的，比它本身更有意义。

1.人生是一个不断完善的过程

人生对于我们来说，是一个不断完善的过程，就像蚕茧一点点褪去衣衫，蜕变为美丽的蝴蝶，人也一样，在磨难中，他将得到了重塑，经历了磨难，他将变得更加完美，同时，也更接近成功。

2.每一次磨难是一次人生历练

每一次磨难，都是一次人生历练，强者容易变得坚强，弱者容易变得软弱，想做一个完美的强者，就要不断地完善自己，克制内心沮丧、愤怒的情绪，勇敢地向前行。那么，面对磨难，不要自暴自弃，不要灰心丧气，不要生气，勇敢向前，你会发现，磨难将会成为你人生最珍贵的记忆。

◆ 欲成大事，必须经得起挫折的历练

有人曾说：“挫折就像是一块石头，对于弱者来说，它是一块绊脚石，让你却步不前；对于强者来说，生活是一块垫脚石，让你看的更远。”一个人如果经不起挫折，受不了历练，他就只会沉浸在挫折带来的痛苦中，心中除了怨气还是怨气，永远没有希望，也没有前进的方向。其实，挫折对于我们来说，并不完全是一件坏事，在经受挫折的过程中，锻炼了受挫忍耐力，而我们从挫折中所吸取的教训将成为我们迈向成功的垫脚石。许多人在面对挫折的时候，总表现得怨愤难平，似乎自己的遭遇是不公平的，他们习惯于抱怨他人，抱怨上天，可是，他们却从来不思考自己能去做点什么。一个想成大事的人，首先他就应该锻炼自己的受挫忍耐力，而不是被“败气”所吞噬。

有一天，一头驴遭遇了“大挫折”，它不小心掉进了一口枯井里。虽然，一直陪伴在它身边的主人很想救出它，但是，那位农夫绞尽脑汁，想尽了办法，几小时过去了，那头驴还在枯井里痛苦地哀嚎着，心中的绝望大于愤怒，自己难道就要埋葬于此吗？

最后，农夫决定放弃，心想，这头驴反正年纪也大了，不值得大费周章去把它救出来，但是，无论如何，要将这口枯井填起来，以免其他动物再掉进去。于是，农夫请来了左邻右舍，大家一起帮忙将枯井填满，同时，也好免去驴的痛苦。农夫和邻居们手拿铲子，开始将泥土铲进枯井中。

那头驴很快了解到自己的处境，眼里满是怨恨，心中愤怒大于绝望：主人怎么可以这样对我？最后，它忍不住流下眼泪，并不断在枯井里发出痛苦的嘶叫声，似乎在上天诉说自己的悲惨命运。但是，出乎意料之外的是，没过多久，这头驴就安静了下来，它不再生气，也不再悲伤。

那位农夫好奇地探头往井底一看，出现在他眼前的景象却令他大吃一惊：

当铲进枯井里的泥土落在驴身上的时候，它将泥土抖落在一旁，然后站到铲进的泥土堆上面。那头驴将大家铲进倒在身上的泥土全部抖落在井底，然后再站上去，很快，那头驴便出现在人们的眼前，大家都惊讶地捂住自己的嘴巴。

爱默生说："困难，是动摇者和懦夫掉队回头的便桥，但也是勇敢者前进的踏脚石。"当困难与挫折来临，事实已经无法改变，这时候，最重要的就是要以积极冷静的心态面对。刚开始，那头驴又是愤怒，又是绝望，而且，不断在枯井里发出痛苦的嘶叫声，但是，事实改变了吗？自己的处境依然没有改变，似乎变得更糟，眼看就快要被埋掉了，在极度绝望之下，它安静了下来。当情绪平复下来之后，它竟然发现了一个解决困境的最好办法，踏着那些将要淹没自己的泥土，一点一点起来，最后，它终于站在井口处了。如果这时候它能回想自己之前的表现，它肯定也会觉得：挫折并不算什么。有多少挫折，就有多大的忍耐力，最后，我们定会收获更多的丰硕果实。

一位少年自认为看破了红尘，放下了一切，历经了千辛万苦找到了隐藏在深山里的寺院，他要求见方丈想出家，他认为自己只有在这里才能真正地洗去城市的繁华与浮躁。方丈仔细打量着少年，问道："做和尚要独守孤灯，终身不娶，你能做到吗？"少年坚定地回答："能。"方丈又问："做和尚要每日三餐粗茶淡饭，粗衣薄挂夏热冬寒，你能忍受的了吗？"少年回答说："能。"方丈又问："做和尚要无欲无求、无怨无恨，不问恩情，不记仇恨，无论任何时候都要心如明镜不染尘埃，你能做到吗？"少年斩钉截铁地说："能。"然后，方丈问了一些关于佛法的东西，少年都能作出很好的回答。但是，最后，方丈拒绝了少年出家的请求，而是把少年送下了山。临走时，方丈留下了这样一句话："未曾拿起莫谈放下，当你真正拿起时，你再回来告诉我你还能不能放得下。"

真正的放下一切，应该是"无欲无求、无怨无恨，不问恩情，不记仇恨，无论任何时候都要心如明镜不染尘埃"，而这一些需要强大的受挫忍耐能力。

没有真正地经历过挫折，自然就没有足够的受挫忍耐力，挫折一旦降临，少年便冲动地想要逃避整个现实世界，想来在他心中还是有怨气，同时，还有一种“败气”，所以，他的请求遭到了方丈的拒绝。只有真正经历了挫折的人，他们才能放眼望世界，因为他们有足够强大的受挫忍耐力。

情绪启示

哲人说：“挫折造就生活。”凡是能够成大事者，他们都必须经得起挫折的历练，经得起失败的打击，因为成功是需要风雨的洗礼。一个有追求、有抱负的人，他们总是视挫折为动力，甚至，挫折是他们成功的一块跳板，他们从来不去抱怨那些挫折，也从来不会去埋怨别人。

1.挫折是人生必修课

我们应该明白，挫折是人生的一门必修课，自己是否能顺利毕业，实则源于内心强劲的忍耐力。当然，挫折并不是不可战胜的，它有一定的必然性，所以，即使我们遭遇了挫折，也没有必要怨天尤人，抱怨只会无限扩大挫折的破坏性。

2.直面挫折

面对挫折，我们所需要做的就是不要畏惧，直面挫折，将任何的“怨气”“败气”都吞到肚子里，将生活中的每一次挫折都看作是上天考验我们的一次机会，只要心中怀着必胜的信念，我们就一定能战争挫折，从而赢得成功。

◆ 失意时，蓄足力量准备往前冲

俗话说：“高处不胜寒。”对于许多人来说，在低处似乎才能更好地“休养生息”。在生活中，有的人见不得自己吃亏，受不公平的待遇，内心的怨气就一阵一阵往上冲，与别人争个你死我活，或许贪图一时口头之快，发泄内心的愤怒情绪。从某种程度上说，你似乎是站立在高处，但是，实际上却已经失去了“休养生息”的机会。而且，生气只会伤了我们的“元气”，影响我们的正常状态，有可能在这一个方面的疏忽，我们就会错失成功的机会。在民间流传着这样一句话：“好汉不吃眼前亏。”虽然，在很多时候，好汉是需要骨气的，应该站立在高处，但是，在现实生活中，一旦遇到了人生的低谷，遭遇残酷的现实，即使心中立志如何高远，如果连最基本的生活保障都成问题，又怎么往高处走呢?

印度的孟买学院是世界上最著名的佛学院之一，这个学院历史悠久，有着辉煌的建筑，更关键的是，这里培养出了许多著名的学者。据说，在孟买学院有一个细节是别的佛学院所没有的，那就是在大门的一侧又开了一个仅有一点五米高四十厘米宽的大门，所有的人都能轻易的进入，只要能保持稍低的姿态。一些初到学院的人感到十分不解，不过，后来，他们都承认正是这个小小的细节让自己受益无穷。人生的旅途，有高峰，也有低谷，所有的人都想站立在高峰欣赏风景，但是，若没有低谷，我们如何能够休养生息，保持实力呢?如果你觉得现在的生活处境很糟糕，总是受人排挤，也不要感到生气，不要怨天尤人，学会忍耐，把这一切全当作休养生息吧!

阿伟大学毕业后，为了锻炼自己的能力、积累社会经验，他选择了业务方面的工作。在公司，他所担任的职位是协助新来的业务经理开展工作。那个业务经理刚来不久，不过，脾气却很大，而且，据阿伟观察，似乎他的业务能力很差，几乎都是依靠下面的业务员拿业绩。另外，业务经理心胸狭隘，一点也不尊重人，总是带着命令的口吻与下属讲话。有时候，阿伟在工作中不小心出了错，经理也顾及他的颜面，当众就把阿伟教训一顿。

面对这样的经理，阿伟心里也很窝火，因为自己经常是被训斥的对象。但是，他并没有发作，把怨气吞下去，始终陪着笑脸，因为他心里很清楚，摆在他面前的只有两个选择，要么和他大吵一架，然后走人；要么就是忍辱负重，休养生息，等待时机。聪明的他选择了后者，半年以后，公司高层发现了业务经理的问题，通过调查，认为他不适合做业务经理，就找了个理由把他辞退了。而阿伟，因为一直表现不错，被公司任命为业务经理，这下子，阿伟如鱼得水了，很快把业务开展了起来，为公司创造了很大的经济效益，赢得了公司上上下下的尊重。

在生活中，我们难免会遇到一些坎坷与挫折，遇到一些不尽如人意的事情，在这个时候，千万不要任由心中的怨气乱窜，或者意气用事，而要以一种忍耐的姿态来面对，平复激愤的情绪，以一份从容的心态去面对眼前的境遇，这才是一种审时度势大智若愚的胸怀。处于最低谷，也不要灰心丧气，只要你没有丧失志向，就一定有东山再起的机会。

情绪启示

智者懂得这样一个道理：在人生的得意之时，欣赏高处的风景；在失意之时，在低处休养生息。有时候，我们要学会弯腰，懂得吃眼前亏，不要因为争执而伤了自己的元气，即使内心有许多无奈。

1.吃亏是福

凡事以平静心态面对，当你认为自己吃亏的时候，说不定这却是一桩一本万利的生意呢。不争执、不抱怨，在表面上说是好像是一种损失，但从长远来看，却是一种智慧。当所有人都在向往“高处”的时候，你选择了休养生息，不仅为自己树立良好的形象，还会让他人对你产生莫大的好感。

2.生活需要忍耐

生活需要忍耐，这并不是对命运的屈服，而是对成功的一种铺垫和积累。当我们处于人生最低谷的时候，不要灰心，不要抱怨，就把它当作“休养生息”吧，保存自己的实力，蓄积待发。

◆ 调整情绪，找准前进的方向

挫折与失败，锻炼我们强劲的受挫忍耐力，但是，这样似乎还不足以战胜挫折。战胜挫折既需要智慧，更需要平静的心态，学会调整自己的情绪，尽量让自己保持平静，再决定如何面对挫折。当然，面对挫折，我们有两个必然的选择，即“停止向前，迎头赶上”。有的人在遭遇挫折与困难的时候，冷静地分析其弊端，如果继续前进，有可能会遭到更大的失利，因此，他们决定“停止向前”，等自己修葺片刻，再整军待发；有的人则不然，他们认为，迎难而上才是战胜困难的不二选择，所以，他们毫不犹豫地向前行，最后赢得成功。

威廉、约克和李维相约去美国旧金山淘金，当他们达到目的地以后，却发现了现实远没有想象中美好。在当地，比金子更多的是淘金者。面对这样的情况，三人都感到很失望，不知道该怎么办？

威廉满腹失望，但是，内心却不甘心，既然来到了旧金山，去寻找金子才是正确选择，于是，他决定还是去淘金，几年过去了，他依然过着劳苦而贫困的生活；约克对淘金已经没有太大兴趣了，他暂时打消了自己淘金的念头，想在当地另谋生路，后来，他发现了废弃在沙土中的银，开始了自己冶银的事业，几年过去了，他成为了当地的富翁；李维与约克一样，他觉得淘金虽然有可能成功，但是，面对着比金子还多的淘金者，他预感到做一个淘金的工人似乎并不是冷静的选择。等到平静下来之后，李维想到了自己的手艺，他决定卖耐磨的帆布裤，借以改造，创建了牛仔裤，后来，李维创立了世界名牌levie’s。

“偃旗息鼓”，让约克和李维都获得了成功，只有威廉坚持不切实际的想法，最后只能成为一事无成的人。遭遇了挫折，我们在战胜逆境的过程中，最重要的是保持平和的情绪，冷静地思考什么样的选择才是正确的选择。当然，我们应该有所思考，在成功的路上，有时候需要我们坚持到底，但若遇到了挫折与困难，懂得改变，懂得“偃旗息鼓”同样重要，千万不能固执己见，否则，只会让你离成功的目标越来越远。不过，在人生逆境中，我们也需要足够的耐性，学会平复自己的情绪，“迎头赶上”，我们依然可以获得成功，最重要的是保持积极乐观的情绪。

1832年，亚伯拉罕·林肯失业了，这令他感到十分难过，他下定决心要成为政治家，去当一名州议员。但是，糟糕的是，他在竞选中失败了，在短短的一年里，林肯遭受了两次打击，对他而言无疑是痛苦的，心中还有一些无法排解的怨气。接着，林肯开始自己创业，当即开办了一家企业，可是还不到一年，这家企业倒闭了，林肯感觉到，似乎老天总是与自己作对，这是考验还是宿命呢？林肯不知道，但是，在之后的时间里，他即使心中有怨，还是到处奔波，偿还债务。不久之后，林肯又一次参加竞选州议员，这次他成功了，在林肯内心深处有了一线希望，他认为自己的生活有了转机，心想：“可能我就可以成功了。”

然而，人生的逆境好像永远没有结束的那一天。1835年，亚伯拉罕·林肯与漂亮的未婚妻订婚了，但离结婚的日子还差几个月的时候，未婚妻却不幸去世，林肯心力交瘁，几个月卧床不起，没过多久，他就患上了精神衰弱症，他对任何事情都失去了信心，一种负面情绪萦绕在心中。1838年，林肯觉得自己身体好了些，他决定竞选州议会议长，但是，在这次竞选中他又失败了，不过，那份再接再厉的精神一直鼓舞着林肯，1843年，林肯参加竞选美国国会议员，这次他所面临的依旧是失败。但是，林肯却一直没有放弃，心中的怨气在一点点消减，他并没有说：“要是失败会怎样？”而是怀着一种平常心来对待，他想：如果自己不在意失败，那么，事情或许将有好的转机。

1846年，林肯参加竞选国会议员，这次他终于当选了，但两年任期过去，林肯面临着又一次落选。1854年，他竞选参议员，失败了，两年之后他获得美国副总统提名，但是却被对手打败，两年之后他再一次参加竞选，但还是失败了。无数次的失败，让林肯练就了平和的情绪，无论成功与失败，他的心都变得十分坦然，或许，正是那份平和的情绪，铸就了他最终的成功，1860年，亚伯拉罕·林肯当选为美国总统。

孟子说：“天将降大任于斯人也，必先苦其心志，劳其筋骨，饿其体肤，空乏其身，行拂乱其所为，所以动心忍性，曾益其所不能。”每一次失败，林肯都以平和的心态面对，在这一过程中，似乎命运也在跟他暗暗较劲，然而，最后，林肯驾驭了自己的命运。翻开历史，我们不难发现，林肯的一生就是挫折的一生，似乎失败总是在伴随着他，但是，我们从他身上发现，只要你善于调整自己的情绪，凡事平静面对，鼓起勇气，一次次尝试，总有一天，会获得成功。

情绪启示

其实，任何一种选择都需要根据事实情况而定，无论是“偃旗息鼓”还是“迎头赶上”不过是一种谋略，它都能帮助我们战胜挫折，赢得人生。而谋略的关键在于我们要有平和的情绪，只有充分冷静地思考，才有可能作出正确的选择。所以，即使不行遭遇了逆境或挫折，也不要被一种负面情绪所困扰，学会调整自己的情绪，以一种平和的心态来决定是“偃旗息鼓”，还是“迎头赶上”。

◆ 孩子，你开错了窗户

拿破仑说：“人与人之间只有很小的差异，但是这种很小的差异却可以造成巨大的差异。所谓很小的差异是指积极的心态还是消极的心态，而巨大的差异是指成功和失败。”当生活的不幸降临的时候，你该怎么对待呢？有的人感到好像是天塌下来了，什么都完了，他除了抱怨还是抱怨，总是向他人倾诉：

“我的命怎么这么苦啊？”结果，越想越苦，慢慢地，他也被不幸吞噬了；有的人则不然，他把生活的不幸当作自己的朋友，甚至，当成自己人生的财富，后来，不幸真的成为了他的朋友，当然，“朋友”是不会为难朋友的，他摆脱了不幸的遭遇。前者是拥有消极心态的人，在不幸遭遇面前，他只会生气、抱怨；后者是拥有积极心态的人，他总是将生活的不幸当朋友一样看待。对此，智者这样告诉我们：当生活的不幸来临时，积极的心态是一个人战胜艰难困苦，走向成功的助推器，试着和不幸做朋友吧！

鲍勃和艾克都是陶瓷艺人，他们住在比较偏僻的乡下。在乡下，他们听说城里人喜欢用陶罐，于是，他们便决定将自己烧制好的陶罐弄到城里去卖，说不定能挣大钱。但是，城里人比较挑剔，他们必须烧制出最好的陶罐，才能卖得出去。于是，经过了几年的反复试验，鲍勃和艾克终于烧制出了他们认为最好的陶罐，他们幻想着：整个城市的人都将要用上他们的陶罐了，而他们可以因此而过上比现在富裕的生活。一想到这里，他们就兴奋不已，为了将所有的陶罐都运到城里，他们雇了一艘轮船。

可是，没想到，他们在半路遇到了强烈的风暴，狂风暴雨中，轮船摇摇晃晃，那些陶罐东倒西歪，破碎声不断。等风暴过去了，轮船靠岸了，可船里的陶罐却全部变成了碎片，鲍勃和艾克的富翁梦也随着陶罐一起破碎了。艾克坐在边上生闷气，鲍勃好心提议：“先去酒店住一晚吧，来一趟城里也不容易，不如我们休息一晚，明天再到城里四处走走，长长见识。”艾克正痛苦得捶胸顿足，听了鲍勃的话，他气不打一处来：“你还有心思去城里四处走走，难道你就不心疼我们辛辛苦苦烧出来的那些陶罐吗？”鲍勃心平气和地说：“我们已经失去了那些陶罐，本来已经够不幸了，现在，如果我们还因此而不快乐，那岂不是更不幸？”艾克觉得鲍勃的话很有道理，不再生气了，跟随着鲍勃朝城里走去。

第二天，鲍勃和艾克在城里四处瞎逛，令他们感到意外的是，城里人用来装饰墙面的东西很像他们烧制陶罐的材料。聪明的两个人索性将那些陶罐碎片全部砸碎，做成马赛克出售给城里的建筑工地。结果，鲍勃和艾克不但没有亏本，反而因为出售马赛克大赚了一笔。数着手中的钞票，鲍勃笑着说：“你看，不幸真的成为了咱们的朋友。”艾克笑着点点头，两人决定回到乡下，做更多的马赛克。

面对生活的不幸，垂头丧气并没有任何作用，而且，也于事无补。我们所要做的，是调整内心的情绪，除了坦然面对，还需要改变我们的心态，凡事都往好处想。即使在不幸之中也有希望，只要我们能抓住这种希望，并且，把它当作前进的动力，我们就能够在不幸中重新站起来。

情绪启示

纵观那些卓有成就的历史人物，他们无一不是从不幸的遭遇中顽强奋斗并作出成就的，在他们身上，有一个显著的特点：以乐观的心态面对不幸，将不幸当成自己的朋友。对于每一个人来说，生活和事业都不可能一帆风顺，都会遇到各种困难和不幸，但是，只要我们将不幸当成朋友，永远怀有乐观的心态，我们就一定能赢得成功。

不幸是朋友

李维斯的西部发展史充满了坎坷，但是，最后，他却一跃成为西部的“牛仔大王”。有人好奇地问他：“你是如何面对生活中的不幸呢？”李维斯微笑着回答说：“我有一个致胜法宝，每当我遭受不幸，从来不抱怨，而是十分兴奋地对自己说：太棒了！这样的事竟然发生在我的身上，又给了我一次成长的机会。”在李维斯看来，不幸是朋友，更是自己成长的机会，或许，正是在这些不幸的经历，李维斯才获得了最后的成功。

下篇

拥抱好情绪，赢得别样人生

好情绪往往使人们更容易接近幸福，当他们身心轻松、情绪稳定、精神饱满，对自己没有过分的苛求，对他人有一个客观的评价。在任何时候，都以积极正面的心态看待这个世界，就能赢得别样人生。

第12章
好的情绪是身心健康的灵药：学会善待自己

人生路有平坦，有坎坷，有成功，有失意。在生活中，有那么多不确定的因素，我们随时有可能会被突如其来的变化扰乱心情。其实，生活越是令人焦虑，越是需要善待自己，与其随波逐流，不如有意识地培养一些让自己快乐的习惯，帮助自己调整心情，将快乐的清泉注入心田。

◆ 追逐完美是一种人生负担

追求完美，似乎是每一个人的梦想，在生活中，他们总是在追逐繁复的完美，在这样追逐的过程中，无数的烦恼困扰着他们，愤怒、生气，这样一些消极情绪常常围绕着他们。或许，在任何人的心中，完美都是一座宝塔，我们可以在内心里向往它、塑造它、赞美它，但是，我们却不能把它当作一种现实存在，这样只会让我们陷入无法自拔的矛盾之中。一个人不能在自我怜悯中空虚的度日，最重要的是，我们应该珍惜眼前的幸福。智者说："追求完美是人类正常的渴求，同时，却也是人类最大的悲哀。"对于我们来说，应该放弃追逐繁复的完美，张开自己的双臂，拥抱最简单的快乐。

一个失意的人找到了智者，他向智者诉说着自己的遭遇和无奈，哀叹道：

“为什么在我的生命里总是找不到绝对的完美呢？”智者沉思了许久，问道：“可能是你自己对这个世界苛责太多，所以，烦恼才会找到你。”说完，智者舀起了一瓢水，问失意者：“这水是什么形状？”失意者摇摇头：“水哪有什么形状？”智者不语，将水倒入了杯中，失意者恍然大悟：“我知道了，水的形状像杯子。”智者没有说话，又把杯子里的水倒入了旁边的花瓶，失意者悟然：“我知道了，水的形状像花瓶。”智者摇摇头，轻轻拿起了花瓶，把水倒入了盛满沙土的盆里，水一下子溶进了沙土，不见了。智者低头抓起了一把沙土，叹道：“看，水就这么消逝了，这也是人的一生。”失意者陷入了沉思，许久才说道：“我知道了，你是通过水来告诉我，社会处处就像是一个个不规则的容器，人应该像水一样，盛进什么样的容器就成为什么形状的人。”

智者微笑着说：“是这样，也不是这样，许多人都忘记了一个词语，那就是滴水穿石。”失意者大悟：“我明白了，人可能被装于规则的容器，但也能像这小小的水滴，滴穿坚硬的石头，直至突破，我们要像水一样，能屈能伸，不能要求多么规则的容器，而是需要做到既能尽力适应环境，也要保持本色，活出自我。”智者点点头，说道：“当你放下了心中的苛求，你会发现，任何事物都是完美的，自然，你也获得了久违的快乐。”

阿法朗诗说：“我坚持我的不完美，它是我生命的真实本质。”生活的快乐在于简单，生命的美丽在于真实，纵然有诸多缺憾，但是，它却是无法复制的无与伦比的美丽。日常生活中，我们没有必要苦苦苛求自己，没有必要去凡事要求完美，因为美丽的事物终究伴随着缺憾，只要足够简单、真实，我们的生活一定会释放出最简单的快乐。

有个学生在课堂上向沙哈尔提问道：“请问老师，您是否知道您自己呢？”沙哈尔心想：是呀，我是否知道我自己呢？他回答说：“嗯，我回去后一定要好好观察、思考、了解自己的个性，自己的心灵。”

本·沙哈尔教授回到家里就拿来了一面镜子，仔细观察着自己的外貌、表情，然后来分析自己。首先，沙哈尔就看到了自己闪亮的秃顶，想：“嗯，不错，莎士比亚就有个闪亮的秃顶。”随后，他看到了自己的鹰钩鼻，心想：“嗯，大侦探福尔摩斯就有一个漂亮的鹰钩鼻，他可是世界级的聪明大师。”看到了自己的大长脸，就想：“嗨！伟大的美国总统林肯就是一张大长脸。”看到了自己的小矮个子，就想：“哈哈！拿破仑个子就很矮小，我也是同样矮小。”看到了自己的一双大撇撇脚，心想：“呀，卓别林就是一双大撇撇脚！”

于是，第二天他这样告诉学生：“古今国内外名人、伟人、聪明人的特点集于我一身，我是一个不同于一般的人，我将前途无量。

或许，在别人看来，本·沙哈尔的长相既不出众，更算不上完美，但是，他很会欣赏自己。怀着这一份自足常乐的心态，他将自己身体的每个部分都与名人、伟人、智者扯上了关系，那么，即使自己的五官不是完美的，但是，自己一定是一个前途无量的人。本·沙哈尔放弃了追逐完美的欲望，最后，他却收获了一份最简单的快乐。

情绪启示

追逐完美，本身是一种的负担，它令我们苦恼、生气、愤怒，但是，依然没有办法将人和事变得完美，与其让自己变得苦恼，不如放下对事物的万般苛求，坦然接受缺憾，你会发现，快乐原来就在我们身边，它从来不曾远去。

1.完美终究伴随遗憾

追逐完美，本身就是一种苛责的生活态度，为了达到心中完美的目的，人们苛责自己、苛责他人，苛责一切的人和事。在现实生活中，所谓的“完美”终究伴随着缺憾，即使自己努力苛责，那些人和事依然达不到绝对的完美，最终，我们只能生气、愤怒。在这个世界上，本来就没有绝对完美的事物，如果我们一味地将追求完美的茧一层一层地套在身上，那么，最终，我们也会死在这重重的包裹之中。

2.放弃完美的追逐，收获简单快乐

踏上人生的道路，我们永远不要背负着“完美”的包袱，否则，我们将永远陷入无法自拔的烦恼之中，最后，我们也只能在哀叹中了却此生。每个人的一生中总会经历不同的坎坷或挫折，没有一个人可以保证他就是完美无缺的。上帝对于每个人来说都是公平的，他给予了你一样东西，肯定会拿走另一样东西，关键是你如何去看待生命里的缺憾。

◆ 所有的烦恼不过都是放不下的执着

佛说：“无爱则无恨，无欲则无求，无怒则无敌，无怨才是佛，所有的烦恼不过都是放不下的执着。”在现实生活中，我们常常对这个世界有太多的奢求，自己没有的总是想得到，自己得到了还在期望得到更多，最后，我们索求得越多，自己所得到的反而越少，心中的怨气反而增多。其实，一个人若是怀着一种无欲无求的心态，就不会为物质所累，也不会感到烦恼了。人们总是时常抱怨：“为什么生活中总是有那么多的烦恼呢？”烦恼，它从何处来呢？烦由心生，存在于人世间的烦恼不过是因为内心的诉求，因为放不下，不舍得放弃，所以，才会心生怨气。所以，试着放下心中万般的诉求，做到无欲无求，我们就能够摆脱烦恼的笼子。

利奥·罗斯顿是一名肥胖的明星，他的腰围达到了6.2英尺，体重更是惊人，重约385磅。在一次演出之后，罗斯顿被送往了汤普森急救中心，当时，医院动用了最好的药，最好的设备，但是，依然没能够挽回罗斯顿的生命。在临终前，罗斯顿绝望地说：“你的身躯如此庞大，但你的生命需要的仅仅是一颗心脏。”当时，在场的哈登院长被深深地触动了，作为胸外科专家，他流下了眼泪。为了表达对罗斯顿的敬意，同时，为了提醒那些体重超常的人，哈登院长将这句话刻在了医院的大楼上。

很多年过去了，石油大亨默尔也因为心力衰竭而住进了医院，当时，他的公司陷入了危机，为了摆脱困境，默尔不停地来往于欧亚美之间，最后，导致旧病复发。为了在医院继续工作，默尔包下了汤普森医院的一层楼，在此架设了五部电话和两部传真机。默尔的手术相当成功，他在汤普森医院住了一个月就出院了。不过，默尔并没有回到自己的石油公司，而是选择了回乡下。后来，有记者不解地问默尔：“为什么卖掉自己的公司？”默尔说了一句：“利奥·罗斯顿。”后来，记者在默尔的传记中发现了其中的端倪，默尔说了这样一句话：“富裕和肥胖没什么两样，都不过是获得了超过自己需要的东西罢了。”

诺贝尔说：“金钱这种东西，只要能解决个人的生活就行，若是过多了，它会成为遏制人类才能的祸害。”波斯国王曾写信给赫利克利特：“希望享受你的教导和希腊文化，请你尽快到我的宫殿里来见我，在我的宫殿里，保你一切方便自如，生活富足。”赫利克利特拒绝了波斯国王的邀请，他这样回答说：“因为我有一种对显赫的恐惧，我满足于我的心灵所有渺小的东西，我不能到波斯去。”在现实生活中，我们常常被心中的欲求所困扰，可能是财富，可能是显赫的地位，如果自己的一生被这些所包裹、所埋没，那么，自己也会变得烦闷起来。反之，放下心中的欲求，满足于一种普通、平淡的生活，才是一种超脱名利之缰的幸福。

他一无所有，一家人住在狭小的房子里，过着拮据的生活。可是，突然有一天，他买彩票中奖了，一下子中了五百万，有了房子有了车子，有了身边的人所没有的一切。许多亲朋好友听说他中奖了，就纷纷跑到他家来哭穷借钱，如果他婉言拒绝，亲朋好友就会指着他的鼻子骂“见利忘义”。终于有一天，他无法承受这样的痛苦，全家背井离乡到另一个完全陌生的地方，开始重新生活。

后来的日子里，虽然没有亲朋好友来借钱的烦恼，但他却要一切从零开始。看着剩下的大部分资金，他开始犯愁了。该如何来投资呢？是存银行坐吃山空，还是用来投资股票、期货？放在家里万一被偷了怎么办？万一邻居发现自己是百万富翁怎么办？如果投资亏损了怎么办？放在银行贬值了怎么办？他整天为这些问题烦恼着，每一天，他不敢过得太张扬了，只是过着普通的日子，像从前那样普通，但是却每天都提心吊胆，担忧自己的富裕在别人面前显露了。这个中奖的人在临死前，想起了以前没有钱的日子，虽然普通简单，却是人生中最幸福的日子。现在有钱了，大半辈子都活在担惊受怕中，最后在痛苦里郁郁而终。

欲望，既可以成就一个伟大的人物，但是，它也可以毁掉人的一切。佛家崇尚“得大自在”的境界，一个人如果真的能做到“无欲无求”，那么，他就达到了佛家的境界。现代社会，对于人们来说，生存似乎永远摆在第一位，于是，他们生活的全部是争名逐利、利欲熏心，最终感到“欲壑难填”。

情绪启示

第一次世界大战期间，私人医生告诉法国总理克里蒙梭：“阁下，您必须珍重自己的身体，因为您抽的烟太多了。”克里蒙梭听从了医生的劝告，他开始戒烟，但是，他依然在桌子上放着雪茄盒，而且，盒子总是打开着。有一次，朋友看见了，挖苦克里蒙梭：“听说阁下已经戒烟了，看来，你老毛病又犯了。”克里蒙梭回答说：“胜利的喜悦必须经过艰苦的战役才能获得，将雪茄烟放在眼前，我当然会受到无法忍受的欲望的驱使，但只要忍耐下去，就会获得胜利，就能做超越自己能力的事。”

1.舍弃万般牵挂，无欲无求自欢乐

其实，对每一个人来说，生命所需要的不过是适当的营养，营养过多反而会扼杀了生命。内心的欲望并没有什么独特之处，都不过是超过自己真正需要的东西，所以，放下心中的欲求，放下万般牵挂，努力调整心理，真正做到无欲无求，自然不会有怒气。

2.战胜自己

其实，人生何尝不是一场战役呢？很多时候，我们并不是被他人打败的，而是被自己打败的，因为在这场战役中，我们会经不起各种欲望的诱惑。战胜自己，放下心中的欲望，变得无欲无求，我们才能赢得真正的胜利。

◆ 活在当下，不要没完没了地考虑明天

古人曰：“生于忧患，死于安乐。”试图告诉我们，只有忧愁患害才能使人发展，安逸享乐则会使人萎靡死亡。可是，如果我们总是没完没了地考虑明天，内心时刻存在一种忧患意识，那么，我们如何活在当下呢？虽然，人们常说“防患于未然”，但是，如果一个人对未来过度地焦虑和担忧，时间久了，就会变成一种心理负担，整个人都被笼罩在消极情绪之下。这样一来，极有可能导致的结果是，以后的每一天我们都将生活在忧虑之中，阳光照射不进我们的生活。对未来生活的焦虑和恐惧，成为了现代人普遍的一种心理，即使人们当下的生活过得很不错，但是，他们会不自主地担心未来的生活，总是没完没了地考虑明天会怎么样呢？因此，为了有效控制自己的情绪，不要总是没完没了地考虑明天，不妨尽心做好当下的自己吧！

一位著名的心理学家为研究“忧虑”问题，做了一个很有趣的实验：

心理学家要求实验者在一个周日的晚上，把自己未来7天内所有忧虑的“事情”都写下来，然后投入一个“烦恼箱”里。三周过去了，心理学家打开了“烦恼箱”，让所有实验者一一核对自己写下来的每个“烦恼”。结果发现，其中90%的“烦恼”并没有真正发生，因为它似乎更多地来自明天。

这时，心理学家要求实验者将真正的“烦恼”记录，并重新投入“烦恼箱”。三周很快过去了，心理学家又打开了“烦恼箱”，让所有实验者再一次核对自己写下的每个“烦恼”，结果发现，那些许多曾经的“烦恼”，已经不再是“烦恼”了。所有的实验者感觉到，对于烦恼，总是预想的比较多，但往往出现的很少。对此，心理学家得出了这样的结论：一般人所忧虑的“烦恼”，有50%是明天的，只有10%是今天的，而最终的结果是，至少90%的烦恼是自己想出来的烦恼，至于今天的烦恼是完全可以轻松应付的。

许多人总是没完没了地考虑明天，自己找来了许多烦恼，这就是所谓的“烦恼不寻人，人自寻烦恼”。

有一位年轻人，他总觉得自己好像生病了。于是，他就去图书馆借了一本医学手册，想看看自己到底得了什么病，他先看了癌症的介绍，突然，他感到自己患癌症已经好几个月了，顿时，他被吓住了。后来，他想知道自己还患了什么病，就依次读完了整本医学手册，一下子感觉，除了膝盖积水症以外，在自己身上还有很多种病。当他走出图书馆的时候，他觉得自己完全变成了一个全身都有病的老头。

他决定去找医生，见到了医生，说：“医生，我不给你讲我有哪些病，只说我没有什么病，看来，我已经活不长久了，除了患膝盖积水症，其余什么病我都有。”医生给他做了诊断，然后开了一张处方给年轻人。年轻人顾不得看，就马上塞进口袋，立即跑往药店。到了那里，年轻人匆匆把处方递给药剂师，谁知，药剂师看了一眼，就退给他说：“这是药店，不是食品店，也不是饭店。”年轻人惊讶地接过处方一看，上面写着：煎牛排一份，啤酒一瓶，6

小时一次；10英里的路程，每天早上走一次。年轻人照做了，最后，他一直健康地活到了现在。

对未来担忧太多，以致年轻人怀疑自己生病了，结果，经过医生诊断，他什么病都没有，有的只是心病。现代社会，人们越来越焦虑，在他们内心隐藏着一种未知的恐惧，担忧自己的生存状况，担忧明天。其中，他们大部分的焦虑是来自明天，而且，这样的人并不在少数，据一项社会调查显示，越是成功的人，对明天越是担忧。

情绪启示

面对着一群研究生的拜访，心理专家从房间里拿出了许多水杯摆在茶几上，有各种各样的杯子，不同的材料，有的是玻璃杯，有的是瓷杯，有的是塑料杯，有的是纸杯，学生们各自拿了一只杯子喝水。当学生们拿起了杯子，心理专家开始说话了："大家有没有发现，你们挑去的杯子都是比较好看、比较别致的，像这些塑料杯和纸杯，都没有人拿走。其实，这就是人之常情，谁都希望手里拿着的是一只好看一点的杯子，但是，我们需要的是水，而不是水杯，所以说，杯子的好坏，并不影响水的质量。"

接着，心理学家解释道："想一想，如果我们总是有意或无意地把选杯子的心思用在了考虑明天的事情上，那么，我们的生活能够远离平静吗？"一位学生摇摇头："当然不，烦恼会接踵而至。"有时候，我们花上过多的时间来考虑明天会怎么样，担心明天会发生什么，结果，当下的今天我们却没能做好，反而置自己于忧虑之中。

1.大部分烦恼来自未知

有一位成功人士毫不忌讳自己的焦虑："现在我的公司刚刚上市，一切都在起步阶段，许多人恭贺我的成功，为此，我却感到忧心忡忡，未来的种种困难在某个阶段等着我。同时，每天外出应酬，常常是喝酒，自己的身体每况愈下，对于明天，我真的十分焦虑，害怕它的到来，更害怕随着它而来的还有无限的挫折和挑战。”其实，即使再焦虑，我们也不能改变未知的明天，不妨调整好自己的情绪，以坦然的心境来面对今天，尽心尽力做好自己，不要去过多地考虑明天。

2.别为明天蒙上阴影

明天到底会怎么样呢？我们都无从得知，因为明天还没有来到，即使我们对明天有诸多幻想，那也应该是往好的方面想，而不是总担心这样或那样，这样，既忧虑了今天，而且给明天也蒙上了一层阴影。所以，尽心做好当下的自己吧，至于明天，我们就少去考虑和担忧吧！

◆ 背后有阴影，是因为前面有阳光

如果你背后有阴影，别担心，因为你前面有阳光。美国前总统林肯在患抑郁症期间说了一段感人心扉的话：“现在我成了世界上最可怜的人，如果我个人的感觉能平均分配到世界上每个家庭中，那么，这个世界将不再会有一张笑脸，我不知道自己能否好起来，我现在这样真是很无奈，对我来说，或者死去，或者好起来，别无他路。”所幸的是，林肯终于战胜了抑郁症，成为了美国著名的总统。对每个人来说，悲观、抑郁就是漂浮在天空中的乌云，那是一种令人恐惧的负能量。它遮住了生活的阳光，给我们的心情带来了无尽的阴霾。

对此，如果我们想要拥抱好情绪，那我们应该远离悲观、抑郁，积极乐观地活着。悲观的心境是肥沃的土壤，它可以得到很好的营养，并不断地壮大，直至成为一团烈火；而乐观则好像是喷雾剂，在飘洒阳光的同时，将那些在体内暗暗滋长的负能量慢慢溶解，然后消失不见。

卡耐基在小时候经常会因为自己又宽又大的耳朵成为同学们嘲弄的对象，有一次，班上一个叫怀特的男孩与卡耐基发生了争吵，生气的卡耐基说了几句刻薄的话，怀特被激怒了，便恐吓他说："总有一天，我要剪断你那双讨厌的大耳朵。"这可把卡耐基吓坏了，他几个晚上都不敢睡觉，害怕自己在进入梦乡以后被怀特剪掉了耳朵。

童年的卡耐基就发现，自己具有与生俱来的忧郁性格，他曾向朋友倾诉：烦恼伴随着我的一生，我一直想弄明白自己的忧虑来自何处。有一天，卡耐基帮母亲摘取樱花的种，突然哭泣起来，母亲问："你为什么哭？"卡耐基边哭边回答："我担心自己会不会像这种子一样，被活活埋在泥土里。"童年的卡耐基，恐惧的事情有很多：下雷雨时，担心会不会被雷打死，年景不好时担心以后有没有东西吃，还担心死后会不会下地狱，长大之后更加会胡思乱想，想自己会不会被女孩子取笑，担心没有女孩子会愿意嫁给自己。不过，后来他才发现，那些自己十分恐惧的事情，大部分都没发生。

试想，像卡耐基这样没有自信，几乎被各种各样莫名其妙的忧虑缠绕的小伙子，最终成为了自信、让人们乐观的心理激励大师，这需要经历怎么样的一个过程呢？那是因为卡耐基一直相信：如果你背后有阴影，那是因为你前面有阳光。

情绪启示

通常积极乐观的心态会让自己的体内的"负面情绪"无处藏身，而对于那些习惯于活在抑郁、悲观生活里的人，一点小小的烦恼恰似一颗毒瘤，每天它都在不停地生长着，最终，毒瘤化脓，而他自己则被负面情绪吞噬了。所以，如果你不想继续败给负面情绪，跟自己置气，那不如先学会培养积极乐观的心态，有了这样的心态，再多的"负面情绪"也不怕。

1.换个角度看问题

人生就像一朵鲜花，有时开，有时败，有时候微笑，有时候低头不语。其实，人生就是这样，无论你处于什么样的境地，多角度看问题，你就会发现我们打开了心灵的另一扇窗户，你会发现人生是美好的，而我们所遭遇的那些根本算不了什么。

2.不要被固有的思维所束缚

老师在黑板上画了一幅画，白纸中画了一个黑色圆点。老师问学生："你们看见了什么？"全班同学一起回答："一个黑点。"老师说："你们只说对了一部分，画中最大的部分是空白，只见小，不见大，就会束缚我们的思考力，许多人不能突破自己，原因就是在这里。"很多时候，传统的思维定势会束缚我们的想象力，而以创新的思维看待问题，我们可能会有新的发现。

◆ 有效释放自己压力，轻松度过每一天

一位朋友这些天正在学习弹琴，由于基本功不太扎实，他练起琴来很费力，尽管自己付出了许多辛勤的汗水，可是，就是不见效果。但是，他心里有极度渴望自己在琴技方面能够有所突破，于是，他每天强迫自己练琴四小时。这样，时间长了，他变得时常焦虑，心理上把练琴当成了一种压力，他常常烦躁地问老师："我是不是练不好了""我还能行吗""怎么这么练都不见效果，我干脆还是不练习了吧""难道我就这么放弃了吗"。老师听了，只是微微一笑："你不要自己到处惹气生，放松自己，缓解心中的压力，卸下负担，这样，心情好了，琴艺自然会有所进步。"过了不久，朋友的琴艺真的进步了，而之前弥漫在脸上的阴霾已经消失得无影无踪。

小伟是一个典型的上班族，最近，他似乎感觉到自己陷入了“情绪周期”。从周一到周末，自己的情绪都处于一个相当不安稳的状态，满是烦躁、苦闷，他也不知道这是怎么了。

周一，小伟就尽力克制自己不想起床的欲望，躺在床上，他就在想今天又要开会，接受新的工作任务，总结上周的工作。如果自己在上周工作中出了小错，这天就感觉到格外的压力。有时候，在路上碰到塞车、堵车、有人横穿马路等情况，小伟都忍不住怒骂两声，似乎这样可以消减一下内心的苦闷。

周二，有时候，小伟觉得周一可能是一个过渡时间，可是，到了周二，自己就必须面对现实和工作了。面临着繁重的工作，小伟感到焦头烂额，甚至，有时候还会牺牲午休时间来抓紧时间工作。

周三，每到周三，小伟都是冷着一张脸，陷入了情绪最低沉的一天。似乎，上个周末与女朋友一起玩乐的场景早在忙碌的工作中忘得一干二净，想到周末还有漫长的两天，小伟就感觉心瞬间沉入了谷底。

周四，或许，由于前几天的累积，这一天坏情绪达到了最巅峰，不仅工作效率很低，而且，感觉到十分疲惫。小伟感觉到几天以来积累的坏脾气，几乎都在这一天爆发了，如果在这一天受到了主管的责骂，小伟一点也不感觉奇怪，似乎每个人都喜欢在这一天发脾气。

周五，小伟觉得，对于自己来说，可能周五才是比较轻松的一天，想到周末马上就来了，工作效率也变得很高，心情变得十分轻松愉快，即使是面对同事的一句挖苦、玩笑，小伟也“大度”地不予计较。

周末，小伟通常的周末时间安排是：周六疯狂地玩一天，周日休息。可是，在周日，小伟的情绪又陷入了焦虑、烦躁中，想到下周的工作，心情越来越烦躁，甚至，周日晚上还会失眠。对此，小伟想大喊一声：“一周的时间，怎么就不能给自己一份好心情呢？”

小伟只是无数的上班族代表中的其中一个，在现代社会，越来越多的上班族意识到自己正在陷入“情绪周期”，在一周的时间内，他们的情绪变化与小伟的情绪变化没有两样。即使有时候，他们明白自己生气也不能解决任何问题，但在内心的压力下，他们就是忍不住，而且，情绪的时好时坏已经严重地影响到他们正常的生活和工作。对此，心理学家向我们支招，如何放松自己，缓解心理压力。

情绪启示

在生活中，如果把任何事情都当成了一种负担，因为负担，我们就有可能生活在压力、痛苦、烦躁和苦闷之中。相反，如果把一件事情仅仅当成了一种习惯，因为习惯让一个人在潜移默化、不知不觉中成为自己梦想的那个人。一个人若是背着负担走路，那么，再平坦的路也会让他感到身心疲惫，最终，他会因为不堪生活的压力而走向不归路。但是，如果我们能平复心境，试着把那些沉重的负担当成一种习惯，用轻松、淡然的心态去看待问题，心境便会变得澄明，所有的压力便会缓解，那负担也许会变成一种精神上的享受。

1.星期一综合症

越来越多的人开始陷入了“星期一综合症”，早上一起床，他们就感到了一种厌烦、懒惰、健忘、精力不集中的状态。据德国的相关调查，得出了这样一个结论：80%的人在周一起床后就会情绪低落。另外，许多公司习惯于将重要的决断和新的工作计划安排在星期一，这在一定程度上给上班族带来了巨大的压力感。对此，心理学家建议：想让自己不再抗拒上班，早起比较重要，因为紧张感和时间有密切的关系，早起可以有充裕的时间，这不仅能减少内心的焦虑感，而且，还能有时间去吃一份减压的早餐，比如，一大杯鲜奶、鸡蛋、牛肉和香蕉等等，这可以让人产生一种满足感和轻松感。

2.有效的意象训练

对于许多人来说，周一可能还没有正式进入工作状态，但是，周二就令自己不得不面对现实。据最近的一项研究表示：周二上午10点是一周中工作压力的最大峰值，人们感觉到焦头烂额。而且，许多人在这一天会放弃午休时间，抓紧时间工作。对此，心理学家建议：在压力最大的时候，可以做一个意象训练，找一个比较安静的地方，闭上眼睛，做深呼吸，想象自己在坐电梯，慢慢开始数，这样可以有效地缓解心理上的压力，平复情绪。

3.微笑

心理学家证实了人们这样一个猜想：周三是人们一周中的情绪最低点，也是人们接受信息最多，感觉负担最重的时刻。那么，在这一天，最有效的缓解压力的办法就是微笑，想办法让自己笑，比如，看看笑话、回忆过去美好的事情等等。这些都能够帮助自己平复内心烦躁不安的情绪，调整心理，尽快回归到一种正常的情绪中。

4.“黎明前的黑暗”

有的将周四称为“黎明前的黑暗”，这一天不仅是工作效率最低的一天，同时，也是人们疲惫感最强、心情最烦躁的一天。似乎几天一来积累的坏脾气将要在这一天爆发，人们总是感觉什么都不对劲，环境特别杂乱，身边的人特别的烦，这一切都让人透不过气来。心理学家建议：为了驱赶黑暗，应该将灯光调到最亮，这会让人的心情变得平稳、快乐。

5.“周末上班焦虑症”

许多人在周末快要结束的时候，就开始陷入对下周工作的焦虑中，结果，越想越烦躁。对此，心理学家建议：可以给大脑设一个开关，该休息的时候就应该休息，该工作就要全力以赴，不要去想下周工作的事情。如果实在不放心，可以在周末拿出一个小时想想下周的工作计划，这样，焦虑的心就会平静下来。

第13章
设身处地地感知他人的情绪：包容和接纳别人的脾气

在日常交际中，人与人之间相处，最缺少的就是包容。古人曰："海纳百川，有容乃大；壁立千尺，无欲则刚。"这说明，我们的身心是能够承载万事万物的，因为接纳一切，所以才能收获一种至高的人生。

◆ 理解对方的心情，才能掌控自己的情绪

一般情况下，一个人在生气时是很难想到他人的，因此，在他们心中总是涌动着无法控制的冲动情绪。生气时若只想到了自己，完全不顾他人的感受，我们就很容易陷入愤怒情绪之中，无法掌控自己的情绪。其实，如果我们在生气时能够理解他人的心情，想到对方的处境，设身处地地为他人想想，有可能他真的不是故意的，自己的一顿责骂或许会毁掉他对未来的希望，这样一想，心中的怒火就会逐渐熄灭，从而有效地控制了即将要爆发的情绪。可是，在现实生活中，大多数人在生气时只想到自己，他们总想到自己的切身利益受到了损害，或者，自己心中那口怒气咽不下去，因此，无论对方怎么样做，他们还是照样生气、责骂，完全把对方当作自己情绪发泄的对象。事实上，有时候，他们真的是无辜的，你的生气与责骂会给他们的人

生带来一些不好的影响。

王先生是一位试飞员，他常常在航空展览中做飞行表演。有一次，他在北京航空展览期间表演完毕后飞回广州。在飞行途中，在空中300米的高度，飞机的两个引擎却突然熄火了。由于王先生技术熟练，他操纵了飞机着陆，但是飞机严重损坏，幸运的是没有人受伤。

在飞机迫降之后，王先生第一件事就是检查飞机的燃料，正如他自己所预料的，他所驾驶的螺旋桨飞机，竟然装的是喷气机燃料而不是汽油。回到机场以后，王先生要求见为自己保养飞机的机械师。那位年轻的机械师为自己所犯的错误感到十分难过。当王先生走向他的时候，年轻机械师羞愧得泪流满面，自己造成了一架非常昂贵的飞机的损失，差一点还使三个人失去了生命。

王先生心中十分生气，但在看到年轻机械师的那一瞬间，王先生改变了主意，心想：这位年轻的机械师在过去的工作中是多么认真啊，他的前途是不可估量的，如果仅仅因为这次小失误就责骂他，有可能会对他的一生造成难以弥补的影响。于是，王先生并没有责骂那位机械师，也没有批评他，相反，他用手臂抱住了那个机械师的肩膀，对他说："为了表示我相信你不会再犯错误，我要你明天再为我保养飞机。"

在生气的一刹那，王先生首先想到的并不是自己，而是理解了年轻机械师的心境，从而有效地控制了自己的情绪。在现实生活中，有的人太过于自我，他们总是想到自己的利益受了损失，哪怕对方只犯了一点点小小的错误，他们也抓着小辫子不放。而习惯于为他人着想的人，总是能够理解他人的心境，认为这或许不是对方的本意，或者只是对方一不小心犯下的错误。

情绪启示

在日常生活中，如果自己遭到了别人的伤害，心中对他人充满了憎恨之情的时候，不妨做一次换位思考，假如自己处在这样一种情况，会怎样呢？当你身边的朋友或者与自己熟悉的人伤害了你时，你应该想想他平日在工作或生活中对你的帮助和关怀，理解对方的心情，以及他对你的一切好处。这样，心中的怒火、怨气就会消失不见，就能以坦然的态度去谅解别人的过错或消除彼此之间的误会。其实，理解对方的心情，对我们自己也是有益处的，因为在这样一个过程中，我们掌控了自己的情绪，做了情绪真正的主人。

1.站在对方的角度思考问题

在生活中，当对方触动了你的自尊或损害了切身利益，我们心中总是表现得愤愤不平，生气、责骂，在一种失望、莫名其妙的情绪之后，使自己也失去了平日那轻松的心境和欢快的情绪，从而导致心理失衡。另外，一个人在生气时由于冲动的情绪扰乱了大脑的正常思考，只看到别人的短处，用言语去训斥别人，最后会使人际关系越来越差。

2.了解对方的情绪

理解对方的心境，哪怕只是一句安慰的话，对方也能感到你莫大的宽容。或许，在平时我们习惯责骂他人的错误，尤其是当对方的错误对我们的生活产生不利的影响时，我们的情绪会失控，当怨恨之情占据我们的心灵，责骂就会随之而来。但是，你仔细想想，责骂他人除了让我们的情绪变得更加恶劣以外，同时，还深深地伤害着对方，导致双方关系留下难以愈合的疤痕。

◆ 宽容，解脱了自己又放过了对方

有人说："宽容是从荆棘丛中长出来的一抹最高雅的淡红，你对别人宽容一点，其实就是给自己留下来一片海阔天空。"宽容对于每个人来说，它是一种高雅的修养，更是一种崇高的境界。宽容他人的错误，对于每一个人来说，似乎并不太容易，但其实这也不困难，主要是看我们如何来选择。面对他人的错误，如果我们选择了生气，甚至是仇恨，那么，有可能我们之后的生活将在愤怒中度过，这是因为在我们内心始终得不到解脱，内心会变得十分沉重，压抑而沉闷，生活对于我们而言，每天都充满了痛苦。相反，如果我们选择了宽容，放弃了内心的愤怒，那么，既宽待了他人，同时，我们的心灵也得到了解放，从而收获一份心灵的感动。所以，宽容犹如一剂解药，放过了他人，同时，我们自己也获得了解脱。

傍晚，在一家快餐厅里，有两位客人：一位老人、一位年轻人，可能因为店里客人不多，餐厅里的照明灯没有完全打开，整个大厅显得有些昏暗。年轻人手捧一碗炸酱面，坐在靠门口的位置，与老人相邻。不过，年轻人的注意力并不在炸酱面上，眼睛一直盯着老人放在桌边的手机。当老人再次侧身点烟的时候，年轻人的手快速地伸向手机，装进自己的上衣口袋，试图离开餐厅。

老人转过身来，很快就发现自己的手机不见了。他身体微微颤抖了一下，然后立即平静了下来，看了看四周。这时候，年轻人已经伸手拉开门，老人看见了，似乎明白了什么，他马上站起来，走向门口的年轻人，说道："小伙子，你等一下！"年轻人一愣，问道："怎么了？"老人恳切地说道："是这样的，昨天是我70岁的生日，我女儿送了我一部手机，虽然我不是很喜欢它，可是那毕竟是我女儿的一片孝心，刚才我把它放在了桌子上，现在发现它不见了，可能是我不小心碰到了地面上，我的眼花得厉害，弯腰对于我来说不是一件容易的事情，能不能麻烦你帮我找找？"年轻人放松了紧张的神情，他擦了擦额头上的汗水，对老人说："哦，您别着急，我来帮您找找看。"年轻人弯下腰去，沿着桌子转了一圈，又转了一圈，然后把手机递了过来："老人家，您看，是不是这个？"老人紧紧握住年轻人的手，激动地说："谢谢！真是不错的小伙子，你可以走了。”

这时，一位餐厅服务员走过去，对老人说：“您本来已经确定手机就是他偷的，却为什么不报警呢？”老人回答说：“虽然报警同样能够找回手机，但是我在找回手机的同时，也将失去一种比手机更宝贵的东西，那就是——宽容”。

美国心理学家克里斯托弗·皮特森说：“宽恕与快乐紧紧相连，宽恕是所有美德之中的王后，也是最难拥有的。”案例中，老人的话意味深长，其实，宽容待人就是宽容待己。一个人的心里如果总是充满着愤怒，那么，他是没有办法去宽容他人的错误的。

在一次战斗过后，只剩下两名战士，他们与大部队失去了联系。有缘的是，这两人来自同一个小镇，而且，还是一对好朋友，他们在森林中艰难跋涉，互相安慰，可是，十多天过去了，他们仍然没有与部队联系上。有一天，他们打死了一只鹿，他们凭着鹿肉艰难地度过了几天。在之后的几天里，他们再也没看到任何动物，只剩下一点鹿肉，继续前行。

这一天，两名战士在森林中与敌人相遇，经过激战，两人巧妙地避开了敌人。就在他们觉得脱离了危险的时候，枪声却响了。走在前面那个年轻战士中了一枪，幸运的是伤在了肩膀上。后面的那位士兵惶恐不安地跑过来，他害怕得语无伦次，抱着战友泪流不止，赶快撕下自己的衬衣将战友的伤口包扎好。那天晚上，没有受伤的战士一直念叨着母亲的名字，他们都认为自己熬不过这一关了，但是，尽管他们十分饥饿，但谁也没有动那块仅存的鹿肉。不过，幸运的是，第二天部队救出了他们。

这是一个发生在二战时期的故事，故事虽然讲完了，但是，事情还没有结束。30年过去了，那位曾受伤的战士坦言：“我知道是谁开的那一枪，他就是我的战友，当时在他抱住我时，我感觉到他的枪管是热的，令我感到疑惑的是，他为什么对我开枪？但是，当天晚上我就原谅了他，我知道他想独吞那点鹿肉，我知道他想为了母亲而活下来。于是，我假装根本不知道这件事，也从来不提起这件事。战争还没有结束，他的母亲就去世了，我们一起祭奠了她。在那一天，战友跪下来，请求我原谅他，我很平静，没有让他继续说下去，我们继续做了几十年的朋友，我宽恕了他。”

◆ 对方的好与坏，照单全收

在日常生活中，我们可能是被嫉妒的那一位，时刻遭受着嫉妒者的奚落、冷漠，可另外一方面，我们也是某些人的嫉妒者，嫉妒他们所能而你不能，所有而你没有的方方面面。那么，在我们身边，既有千方百计想陷害我们的“小人”，也有什么都比自己强的“好人”。如何来平衡这样一种关系，方能平衡自己的心理呢？其实，无论是来自嫉妒者的憎恨，还是旁人的优异，它们都是一种客观存在，威胁不了我们的位置，毕竟我们每个人都是独一无二的。这时，不妨糊涂一点，调整好自己的情绪，努力克制自己，既需要忍得了他人的“坏”，还需要容得下他人的“好”，这样，我们心中才会坦然，嫉妒的情绪也才会消失。

管仲从小就失去了父亲，自幼与母亲相依为命，他天资聪慧，遇到事情喜欢动脑筋，对一些问题总是寻根究底，他的理想是当一名贤士名流。当时，管仲家庭生活贫困，被生活所迫，他不得不学起了做生意。刚开始，他把母亲编好的草帽拿到集市上去卖，但由于自己要价太高，结果整整一天，他一顶草帽也没有卖出去。正在管仲又饿又困的时候，鲍叔牙路过此地，经过了一番闲聊，管仲的学识以及修养令鲍叔牙很是敬佩。当他了解到管仲的身世之后，对他更为同情，于是，鲍叔牙请管仲到旅馆住下，与其纵论天下大事，管仲在言谈间表现出来的才干令鲍叔牙十分钦佩。他对管仲说："如果你愿意，咱们俩合伙做生意吧。"管仲当即答应了，两人结拜为兄弟。

由于管仲家里比较贫穷，做生意的本钱都是由鲍叔牙出，但是赚来的钱，鲍叔牙总是把多一半分给管仲。这令管仲很是过意不去，鲍叔牙却说："朋友之间应该互相帮助，你家里不富裕，就别客气了。"过了一阵子，两人一起去当兵，在向敌方进攻时管仲总是躲在后面，而大家撤退时他又跑在了最前面，士兵们纷纷议论管仲贪生怕死，鲍叔牙却替管仲解释说："管仲家里有老母亲，他保护自己是为了侍奉母亲，并不是真的怕死。"管仲听到了这些话非常感动，感叹道："生我的是父母，了解我的是叔牙啊！"

后来，齐桓公在鲍叔牙的帮助下取得了王位，于是，在他继位之后，立即封鲍叔牙为宰相。而管仲当时帮助的则是公子纠，齐桓公继位之后，管仲被囚，鲍叔牙知道自己的才能不如管仲，于是向齐桓公说："管仲是天下奇才，大王若是能得到他的辅佐，称霸于诸侯将易如反掌，管仲并不是与你有仇，只是当时效忠公子纠而已，大王若不计前嫌重用他，他也一定会忠于您。"不久之后，齐桓公用了管仲，在管仲与鲍叔牙的辅佐下，齐国渐渐强盛了起来。

鲍叔牙以宽阔的心胸向齐桓公举荐了管仲，虽然管仲的才能远远在于鲍叔牙之上，但鲍叔牙并没有生出嫉妒之心，反而处处为管仲着想，凡事都帮着他，他们在历史上成就了一段感人肺腑的友谊。正所谓"举廉不避亲，举贤不避仇"，当我们遇到了比自己更优秀的人时应该予以敬佩之情，而不是心生嫉妒。在生活中，我们常常会遇到竞争对手，在与之相处的过程中，不自觉就总是看他不顺眼，处处想排挤他，其实，这是一种嫉妒现象。鲍叔牙容下了管仲的优秀，所以，他们成就了一段历史美话。

情绪启示

小珊在一家外企工作，上司都很喜欢她，可是，身边的一些女同事却总是恶语相向。只是因为小珊喜欢这份工作，所以一直坚持到现在，小珊平时喜欢安静，可这样的喜好在其他同事看来却成为了“高傲”，小珊感叹：“女人多是非多啊！”其实，小珊的内心似乎并不坦然，她对那些口出恶言的女同事充满了憎恶。为什么会在人际关系中有这样的感觉呢？到底这样的感觉是别人的还是自己的，她似乎并没分清楚。小珊需要忍得了女同事的“坏”，理解那份嫉妒之心是正常的，这至少表明自己还是优秀的，要不，怎么没见那些女同事去嫉妒一个平庸之人呢？这样一想，心中便会释然了。

另外一方面，我们还需要容得下他人的“好”，在我们身边，可能总会出现一些比自己优秀的人，面对这样的人，我们要“宰相肚里能撑船”，容得下他们，而不是对他们心生嫉妒之心。既要忍得了他人的“坏”，又要容得了他人的“好”，对此，那根植内心的嫉妒之气不得不消灭。

1.培养自己豁达的心态

嫉妒心常常来自生活中某方面的缺乏，当我们觉得嫉妒的时候，也许是因为别人得到了你想要的地位或荣誉，所以，你心生嫉妒。于是，总是有种“缺乏感”来扰乱想法、感觉，它将引起嫉妒心这种强烈的负面心理状态，自己被嫉妒心纠缠，并不断强化和持久化这种负面心理。其实，为了摆脱这种破坏的心态，我们需要培养自己豁达、洒脱的心态，懂得“天外有天，人外有人”“强中自有强中手”，相信对于自己还有机会，这样嫉妒之心就慢慢被消减了。

2.转移自己的注意力

如果我们还有很多事情要做，自然就没有时间去嫉妒别人了。为了缓解失败而带来的心理失衡，我们可以找一些事情来做，使自己不再嫉妒别人。因此，在工作之余，积极参加各种有益的活动，努力学习，使自己真正充实起来，这样，嫉妒心将逐渐被瓦解。

◆ 对方需要指教，而非指责

在现实生活中，面对他人的过错，大多数的人总是习惯于愤怒地指责对方，甚至，采用一些看来很残忍的方式对其进行责罚。因为，这样一来，他们才感觉到内心的不满被发泄了出去，而对方又受到了真正的惩罚，但是，真的是这样吗？怒骂与责罚只会让对方感到更受伤，在他心里，第一感觉并不是意识到自己错了，而是感觉到自己的自尊受到了严重伤害。似乎，责罚者并没有达到自己预期的目的，反而，因为怒骂而为自己树立了一个敌人。而原谅与教导就不一样了，原谅与教导能使一个人清楚地看到自己的错误，同时，他还会对你心存感激。所以，我们要学会认清一个规律：面对他人的错误，教导比怒骂和责罚更管用。

有一天，发明大王爱迪生和他的助手辛辛苦苦工作了一天一夜，终于做出了一个电灯泡。他们非常珍惜这个成果，就叫来一个年轻的学徒，让他把这个灯泡拿到楼上的实验室好好保存。这名学徒知道这是个重要的东西，心里非常紧张，结果在上楼的时候，不住地哆嗦，一下子摔倒了，把电灯泡摔得粉碎。爱迪生感到非常惋惜，但没有责罚这名学徒。过了几天，爱迪生和他的助手又用了一天一夜制作了一个电灯泡，做完后，爱迪生想也没想，仍然叫来那名学徒，让他送到楼上。这一次，什么事也没有发生，这个学徒安安稳稳地把灯泡拿到了楼上。事后，爱迪生的助手埋怨他说："原谅他就够了，你何必再把灯泡交给他呢，万一又摔在地上怎么办？"爱迪生回答："我这是在教导他，原谅不是光靠嘴巴说说的，而是要靠做的。"

试想，如果我们处于爱迪生当时的处境，也许早已经火冒三丈，开始怒骂那位学徒，甚至，会选择开除对方作为惩罚。有的人习惯于责骂他人的错误，尤其是自己的利益遭受到一定损失的时候，他的情绪会一下子失控，愤怒占据了他的内心，而那些指责和怒骂就会随之脱口而出。其实，我们可以仔细想一想，怒骂与责罚他人并不会消减我们内心的不愉快，反而使那种恶劣的情绪有加剧之势，同时，还增加了一个情绪不满者。所以，在任何时候，原谅他人，给对方以指导，这都是一个有益的选择。

王先生在午休有个特别的习惯，就是外出散步，或许每次都认为自己不会走远，因此，即使他一个人在家里，王先生也不会锁门就去散步。这天中午，王先生像往常一样外出散步回来，突然，他听到了卧室传来轻微的响声，乐观的王先生摇了摇头，家里怎么会有别人呢？这时，小提琴的声音响起来了，而且，声音越来越大，王先生脑中冒出个念头，难道是有小偷？他慢慢走进了卧室，果然看见一个衣衫褴褛的少年正在抚摸自己珍藏的小提琴，那小提琴就好似自己的生命一般，一向性格温和的王先生沉下脸，他觉得这个少年一定是小偷，于是，王先生站在了门口，用身体挡住了孩子的去处。这时，王先生看见少年眼里满是胆怯和绝望，那种眼神十分熟悉，不禁让王先生想起来了自己的童年。那一瞬间，王先生脸上堆满了笑容，他决定宽容这个孩子。

王先生笑着说："你也是来找王先生的吗？我猜你一定是他的学生吧，而且，看你小提琴拉得不错哦。"少年愣了一下，警惕地问道："那你是谁？"王先生回答说："我？我是王先生的朋友，本来打算邀请王先生一起散步，没想到他已经走了，真是扫兴啊！"说完，他的目光移到了小提琴上，好奇地问道："这是你的小提琴吧，真漂亮，王先生曾经也有跟这样子差不多的小提琴，听说他赠送给了一个学生，希望这个学生跟你一样，是一个聪明好学的孩子。"少年迟疑了一会，点点头，说道："既然王先生不在家，那我先告辞了。"说完，少年小心翼翼地将小提琴拿走了。

三年过去了，在一次音乐大赛中，王先生被邀请担任决赛评委，最后，一位名叫科奇的男孩夺得了第一名。在评分时，王先生觉得自己好像在哪里见过他，但一时又想不起来。这时，科奇拿着一只小提琴匣子来到了王先生面前，他涨红了脸，说道："王先生，你还认识我吗？"王先生一片茫然，科奇眼里似乎有泪："您曾送我一把小提琴，我一直珍藏着，直到有了今天！三年前，我无意走进了你家里，被你发现了，可是，好心的你并没有责怪我，反而说你是王先生的好朋友……"科奇打开了琴匣，王先生一眼就认出了自己的那把心爱的小提琴，他笑了，因为这位少年并没有让自己失望。

王先生的宽容让少年重新拾起了自尊，而且，挽救了一个迷途少年的灵魂。如果时间倒流了，王先生选择怒骂、责罚等方式来对待少年，那么，世界上可能有少了一位优秀的小提琴家了。三年过去了，科奇对王先生的宽容依旧那么难以忘怀，因为那份宽容带来的教育，让少年对王先生充满了敬仰之情。

情绪启示

萨谬尔森说："人们在交往中应多一些体谅而非责难。"对于一个犯错者来说，他所需要的是指教与原谅，而不是怒骂与责罚。当你试着去原谅一个犯错的人，你会惊讶地发现这样一个事实：原谅和教导更能让一个人醒悟与进步。

1.原谅对方，才是真正的强者

佛说："当你战胜了嗔恨的心魔，生命因此更自主、自在与自由。"原谅了别人，我们才是真正的强者。那些怒骂、责罚他人的人，他们并不是真正的强者，他人的错误需要我们的指教，而我们内心的心魔则需要我们自省，克制内心愤怒情绪所带来的不良言行，战胜自己。

2.不要怒骂，而是学会谅解

印度领袖甘地曾要求自己不要怒骂任何人，他这样说道："我知道这很难做到，所以，用最谦恭的态度，尽量达成这项自我的要求。"一个人的心如同一个固定容量的容器，当关爱越来越多的时候，愤怒、仇恨就会被挤出去。试着放弃心中的愤怒，努力克制嗔恨的心魔，原谅他人，给予他人以宽容的教育，不要总是怒骂、责罚，而是学会谅解。

◆ 容己之量，才能自我完善

俗话说："金无足赤，人无完人。"每个人都难免会犯点小错误，而且，每个人都存在这样的心理，希望自己的错误能获得他人的原谅。可是，对于某些人来说，原谅他人的错误似乎很难，他们习惯于站立在所谓正确的高处，心中怒火正旺的他们不想要这样轻易地原谅他人，总是揪着对方的错误不放。这样的人缺乏一定的心胸，自然，在他们内心就难以容下"宽容"二字，可是，"高处不胜寒"，即使自己高仰着头又能怎样呢？心中怒气无法消减，同时，又难以原谅对方，顺势爬上了高处，却难以下台。老子曰："古之善为士者，微妙玄通，深不可识……敦兮其若朴，旷兮其若谷。"对此，智者告诉我们：不要总是高仰着头，学会低头，学会原谅他人，这时，你也许会发现一股清泉。

有一次，魏征在上朝的时候，跟唐太宗争得面红耳赤，唐太宗实在听不下去了，想要发作，可是，又怕自己在大臣面前丢了自己接受意见的好名声，只好勉强忍住。退朝以后，唐太宗憋了一肚子气回到内宫，见了长孙皇后，气冲冲地说："总有一天，我要杀死这个乡巴佬！"长孙皇后好奇地问："不知道陛下想杀哪一个？"唐太宗说："还不是那个魏征！他总是当着大家的面侮辱我，叫我实在忍受不了！"长孙皇后听了，一声不吭，她回到了自己的内室，换了一套朝见的礼服，向唐太宗下拜，唐太宗惊奇地问道："你这是干什么？"长孙皇后说："我听说英明的天子才有正直的大臣，现在魏征这样正直，说明陛下的英明，我怎么能不向陛下祝贺呢！"唐太宗好像意识到了什么，再也不发脾气了。

643年，直言敢谏的魏征因病而去世，唐太宗很难过，他流着眼泪说："一个人用铜作镜子，可以照见衣帽是不是穿戴端正；用历史作镜子，可以看到国家兴亡的原因；用人作镜子，可以发现自己做得对不对，魏征死了，我就少了一面好镜子了。"

富兰克林说："不谦虚的话只能有这个解释，即缺少谦虚就是缺少见识。"面对魏征的直谏，唐太宗懂得低头，魏征当着大臣与自己争论，即使自己心中有气，但是，他更懂得忍耐，懂得宽容，是他那份虚怀若谷，让他在历史上拥有着不可替代的地位。伽利略曾说："当我历数了人类在艺术上和文学上所发明的那许多神妙的创造，然后再回顾一下我的知识，我觉得自己简直是浅陋之极。"生活中，我们不能太固执，凡事需要多听听别人的意见，无论对方是以何种方式来表达意见，我们都需要学会接纳，学会谅解。在对方的善意提醒下，我们要放下所谓的"高位"，虚心听取他人的意见，这样才能达到更高的境界。

春秋战国时期，有一次，楚庄王宴请群臣，君臣开怀畅饮，一直饮到日落西山，夜幕降临。这时，楚庄王吩咐下人点上灯烛继续喝。忽然，外面刮起了一阵大风，把宫中的灯烛全部吹灭了。这时，一个喝得半醉的将军趁机拉住了一位妃子的衣服，妃子大吃一惊，慌乱之下，摸着对方的头盔，折断了将军头盔上的帽缨。妃子悄悄告诉楚庄王："大王，有人趁黑想侮辱我，我已经折断了他的帽缨，拿在手上，一会儿点灯后，看谁的头上没有帽缨，问他的罪！"豁达的楚庄王却满脸平静，语气中丝毫没有生气："且慢！我今天请大家喝酒，使有的人喝醉了，酒后失礼不能责怪，我不能为了显示你的贞节而伤害我的大臣。”说完，楚庄王大声对群臣说：“今天痛饮，不拔掉帽缨不算尽欢，大家都把头盔上的帽缨拔掉吧！”当时，参加酒宴的就有一百人多人有帽缨，大王一声令下，大家全部拔掉了头盔上的帽缨，然后，楚庄王才吩咐宫女点上灯烛，君臣继续开怀畅饮。

三年以后，楚晋大战，楚庄王率领着大军奋勇杀敌，在战争中，有一位将军总是奋不顾身冲在最前面，击溃了晋军。对此，楚庄王将那位将军召到面前，对他说：“平日我并没有特殊优待你，你为什么这么舍生忘死地战斗呢？”那位将军回答说：“三年前的酒宴上，那个被折断帽缨的人就是我啊，承蒙大王不杀不辱，我肝脑涂地，以报大王的恩德。”

哲人说：“容言知过，有容己之量，才能自我完善。”楚庄王虽在国君的高位，但是，他却以博大的胸襟宽容了将军，同时，他也宽容了自己。宽容，它是立身之本，能够积福；小“气”是败家之根，很容易招灾。多一份宽容就多一份感恩、少一份伤害；少一份宽容就少一份真情、多一份仇怨。人生需要宽容，需要抑制内心愤怒的情绪，因为有宽容的人生才是美丽的人生。

天才作家卡里·纪伯伦在《贪心的紫罗兰》中讲了一个故事：玫瑰花听到邻居紫罗兰的哀叹，便笑了笑摇头说：“在百花群里，你最糊涂，你身在福中不知福，大自然赋予你其他花草都不具备的芳香、文雅和美貌，你要知道虚怀如谷的人，永远不会感到贫困和饥荒，且心胸开阔无比高尚。”一个人若是本身位高权重，而不懂得原谅他人，那么，他又怎么会体会到人生的快乐和幸福呢？

情绪启示

想必大家都熟悉唐太宗与魏征的故事，魏征是一个敢于直谏的忠臣，他敢说大家不敢说或不愿说的话，他不害怕得罪人。然而，直谏也有一个缺点，那就是顾及不到当事人的颜面，尤其是对于有着九五之尊的帝王来说，这是一个大忌，但是，唐太宗并没有生气，而是善于低头，正是这一低头，让他发现了魏征这面人生的镜子。

第14章
让人生轻松单纯且充满快乐：丢掉你的疲惫感

在日常生活或工作中，压力可以说无所不在。比如，换了新工作，对新的环境与工作内容陌生而感到压力；即将考试，由于没办法预知什么样的试题，即便之前做足了准备还是会感受到压力。人生压力无处不在，现在我们需要做的就是放下压力拥抱简单生活，让人生轻松充满快乐。

◆ 工作的意义在于享受生活

前些年，徐静蕾自导自演的电影《杜拉拉升职记》确实红火了一把。在许多人的眼中，杜拉拉也许是我们职场中的代表，她没有多少背景，受过良好的教育，全部靠个人的努力，当然，最终她取得了成功。仅仅从这个角度说，杜拉拉当然算是偶像，不过，尽管我们对杜拉拉的坚韧和成功十分敬佩。但若是从另外一个角度说，这种拼命努力的工作狂和八面玲珑的为人处世却也不会是每个人都能做到的。或者可以说，并不是每个人都想过的一种生活。对于大部分人而言，与其成为另外一个不要命的工作狂，还不如做回自己，静心享受生活。生活中，那些工作狂为什么那么拼命地工作呢？他们最主要的目的就是挣钱，而挣钱为了什么呢？难道仅仅是因为让自己的生活更物质一些吗？在物欲横流的今天，越来越多的人物质充足，但其精神却很贫瘠，心灵无法得到休息。这主要是因为他们模糊了一个概念，挣钱的意义在于享受生活，而不是折腾生活。

王先生来自偏远的山村，用光了家里所有的钱，挤进了大学的门槛，到大学毕业之后，他已经是负债累累。虽然，品学兼优的王先生通过老师的介绍获得了一份不错的工作，但他并不满足普通的职位，而且还有自己读书欠下的债成为了他拼命工作的动力。早上他是第一个到办公室，下班了，他最后一个离开办公室。在无数个深夜，他孤身一个人待在办公室，思考一个企划案或着手一个新产品的研发。当然，付出是有回报的，王先生很快晋升到管理层，不仅如此，他还清了所有的债务。就在这时，他结识了一位女士，组建了一个幸福美满的家庭。

这样看起来，王先生的生活算是美满幸福了，但王先生并没有放松下来。每天，他依然是公司最拼命的一个，妻子每每抱怨："你已经很久没陪我们去公园了！我们一家人从来没去旅游过！"这时王先生总是以惯有的口吻说："我这样也还不是为了这个家。"妻子辩解："可我们已经不缺什么了，我和孩子唯一缺的就是你，再富足的物质生活也比不上一家人在一起啊。"话还没说完，王先生已经西装革履地出门了。

没想到加班到凌晨一点的王先生回到家里，竟然发现妻子带着孩子走了，桌上只留下一个地址。第二天，王先生破天荒地向公司请了假，按照妻子所给出的地址，没想到竟然是一处山清水秀的森林公园，远远地，王先生看到妻子、孩子，还有自己白发苍苍的老母亲坐在一起，孩子嬉戏着，妻子则和母亲聊着天。看着这样的景象，王先生的眼睛湿润了，在那一刻，他明白了很多。

从此以后，王先生不再是拼命三郎了，他从自己工作的时间里抽出一部分陪家人和朋友，在这段时间里，他才发现生活是多么美好、多么轻松！

当一个人拼命工作到忘记了家人和朋友，尽管他的物质生活是富足的，但其精神生活却是一片贫瘠，他的心灵更是一片荒芜的花园。因为他不懂得享受生活，自然感受不到来自生活的快乐。工作的功利性目的是为了挣钱，但这并不是其最终的目的，享受生活才是挣钱的最后目的。

情绪启示

生活中，享受生活是人生的特殊体验，在越来越喧嚣的尘世中，我们逐渐背离了享受生活的本质。在拼命工作的过程中，我们变得越来越提得起，放不下，把挣钱、占有当作享受的终极目的。这样一来，生活中感受到的是苦多乐少。

1.过度工作会导致压力太大

中国的文化崇尚工作至上，在这样文化的影响下，许多人经常在办公室挑灯夜战，或者从来不出门旅游，这样拼命工作的人其实已经忽略了生活的美好，更何况工作得多并不意味着应该受到表彰或加薪。过度工作很有可能会降低自己的工作效率、消磨自己的创造力，甚至对你与家人和朋友的关系产生负面影响。

2.挣钱的意义在于享受生活

其实，享受生活是一种感知，品味春华秋实、云卷云舒，一缕阳光、一江春水、一语问候、一叶秋意都是生活里醉人的点点滴滴。尽管，有激情有梦想是上天赐予自己的礼物，为自己热爱的事业而努力更不会是一种错误。但是，我们的休息也很重要，除去忙碌的工作时间以外，我们应该更多地享受生活，享受与家人朋友待在一起的感觉。这样我们才能收获更多来自心灵深处的快乐。

◆ 换个角度，将压力变为动力

生活中，从来不缺乏各种各样的压力：生存的压力、工作的压力、金钱的压力、心理的压力等等。在这个被压力压得喘不过气来的社会，我们该如何缓解内在的压力呢？太过负重的压力对我们的情绪是有着重要影响的，一旦压力来袭，情绪就会变得很恶劣，容易生气、烦躁，似乎看什么都不顺眼，内心的情绪积压过久，总想痛快地发泄一通。那些给自己压力太大的人，他们也是总喜欢与自己斗气的人。如果我们将任何事情都当成了一种负担，并在重压下生活，那我们会整日生活在压力、痛苦、烦躁和苦闷之中。一个人若是背着负担走路，那再平坦的路也会让他感到身心疲惫，最后他会因为不堪生活的压力走向不归路。当重重压力袭来的时候，不妨巧将压力变成动力，如此让自己如释重负，而且还能将事情做得很好。

这些天，小王正在学习弹琴，由于基本功不太扎实，他练起琴来很费力，尽管自己付出了许多辛勤的汗水，可是，就是不见效果。但是，他心里又极度渴望自己在琴技方面能够有所突破，于是，他每天强迫自己练琴四小时。

这样，时间长了，他变得时常焦虑，心理上把练琴当成了一种压力，他常常烦躁地问老师：“我是不是练不好了？”“我还能行吗？”“怎么这么练都不见效果，我干脆还是不练习了吧。”“难道我就这么放弃了吗？”老师听了，只是微微一笑：“你不要自己到处惹气生，放松自己，缓解心中的压力，卸下负担，将压力变成动力，这样，心情好了，琴艺自然会有所进步。”过了不久，朋友的琴艺真的进步了，而之前弥漫在脸上的阴霾已经消失得无影无踪。

人一生中都会面临两种选择，一是改变环境去适应自己，二是改变自己去适应环境。既然压力是已经存在的，根本无法彻底消除的，那我们何不积极地改变自己，正确引导各种压力成为自己前进的动力呢?

一位留学英国的朋友回国，向同学们讲述了自己在国外的生活：“刚开始，我在国外的时候，由于自己英文很烂，害怕出糗，整天就把自己关在屋里，看书、上网、看电影，这样的生活状态整整维持了一个月，就让我崩溃了，我开始想：自己是否应该干点什么？”后来，她去了国家应用科学院求学，刚开始的时候，老师讲课自己一半都听不懂，而且，老师讲课也没有教材，只能靠自己做笔记，压力非常大。当时，她想，自己只要及格就行了，没有必要追求名列前茅。于是，每天，她都会拿着同学的笔记来抄，然后，就跟自己的男朋友一起出去约会。

临近考试的时候，她才开始“抱佛脚”，背诵笔记，每天只睡三小时，第一次考试，她及格了。虽然，她的分数并不是很高，但是，令她高兴的是老师给全班同学发了一封邮件，在信里，老师这样说：“这次考试，我认为出的题目比较难，但是，令我没有想到的是，班里的三个留学生考得还不错，希望你们继续努力。”老师的鼓励令她受到了鼓舞，她开始认真听课，成绩也越来越靠前了，到了第二年，她的成绩就排在了全班第一，这样的成绩不仅令同学感到惊叹，连她自己都觉得不可思议。最后，她这样说道：“在国外求学的经历堪称跌宕起伏，但是，我并不觉得有什么不好，这些所谓的挫折与困难，让我学会了承受，让我赢得了最后的胜利。我们的生活需要适当的压力，压力教会了我们什么是坚持，最重要的是，让我远离了那种无聊、烦闷的生活，而重新拾起了久违的快乐。”

当压力成为了自己前进的动力，那生活将会变得异常美好。生活中其实是需要压力，当我们感觉不到压力的时候，你会发现充斥在生活中的都是无聊、烦闷的气息。但是，一旦生活有了某种压力，在压力的打压下，不自觉地将这种压力当成动力，那我们做什么事情都是精神十足，因为压力驱使着我们将事情做得更完美。

情绪启示

在现代社会，几乎每一个人都有压力，其实，适当的压力对我们自身是十分有用的。一个人的潜力究竟有多大呢，我想大多数人都不清楚，对此，科学家指出：人的能力有90％以上处于休眠状态，没有开发出来。是的，如果一个人没有动力，没有磨炼，没有正确的选择，那么，积聚在他们身上的潜能就不能被激发出来，而压力会给他们这样的动力。

◆ 放宽心，很多事情无须亲力亲为

有的人是天生喜欢操心，他的心无时无刻不是在担心这担心那，好像一刻也不能放松，于是，他的整颗心都是紧绷着的。在生活中，无论是大事还是小事，他们都不放心别人去做，而是亲力亲为。当然，凡事都亲力亲为，这是一种负责任的态度，但若是太过亲力亲为，那就是有点以自我为中心了。通常情况下，那些习惯于凡事亲力亲为的人，他们大多只相信自己，不太相信别人，因此，哪怕是一件小事情，他们也不愿意交给别的人去做，而是尽量亲自去操办。这样的一种心理所导致的行为，我们且不说事情的最后结果怎么样，但如果真的大事小事都自己去做，那所造成的很显著的结果就是——身心疲惫。他们永远只是一个人在考虑自己要做什么、做到什么样程度，没有一个人伸出援助之手，而且，造成独自做事的结果的原因，并不是其他人不愿意帮忙，而是他们拒绝别人帮忙。对此，提醒那些太过于自我的人，不要太操心，很多人和事都无须你亲力亲为。

王姐从小就有个习惯，对于有关自己的事情，她必是自己去做。她不放心任何人去做。在年纪尚小的时候，有一次，她背着厚重的东西回家，身边的朋友好心建议说：“让我帮你背一程吧。”她拒绝了，理由是怕对方将她的东西掉地上了，朋友听到这个理由，下巴都快掉了下来。

长大后，王姐的这个习惯更是日益严重。高中毕业后，王姐就在一家蛋糕店当了收银员，平时没事就是守在柜台边，不让任何人接近自己的工作位置。店长吩咐：“你在有时间的时候，教教店里的导购收银。”结果，王姐也是经常将这样的吩咐忘记了，她从来不放心让自己的工作让别人去干。就因为这样独特的习惯，她在店里的人缘相当不好，但她工作倒是很负责任，工作了几年之后，她升职当了店长，这样她显得更忙了。早上，她是第一个到店里，晚上她是最晚离开蛋糕店，因为她不放心任何一个店员，她需要亲力亲为收货、摆货、收银，虽然这样一来，自己算是放心了，但长久以往这样拼命地上班，王姐真是疲累不堪。如果她若是想到不去店里，让店员们去做，她的心就更累。

终于，没过多久，王姐终于累到了，躺在医院里，她所担心的还是蛋糕店：“今天货到齐了吗？”“货物摆放得整齐吗？”坐在床边的老公忍不住说：“你总是这样，凡事亲力亲为，你以为自己多伟大，但其实是抹杀了店员们表现自我的机会，今天早上我路过蛋糕店，发现没有你，他们依然将事情做得很好，有条不紊，你就不用操心了，你现在是店长了，很多事情完全可以交给别人去做。如果你总是操心，那你永远有操不完的心，你自己也会身心俱疲。”

在案例中，王姐虽然升职成为了店长，但她对店里的很多事情总是亲自去做，结果病倒在床上，她的累不仅在身体上，而且来自心理。因为太过于操心，她几乎每时每刻都在想还有什么事情没做好，她就好像一个陀螺一样，不停地转，直至最后无力地摔倒在地上。其实，她完全没必要这样累，放手将一些事情交给别人去打理，不仅轻松了自己，而且给了下属展现自我的机会。

情绪启示

生活中，一个人操心太多就会使其身心疲惫，反之，如果将别人能做的事情交给其他人去做，自己只是观看或指导，这样反而会轻松很多。当然，要想培养这样的习惯，首先应该学会信任别人，以及放松自己。

1.不要过分操心

你只有足够地信任了别人，才能放心地将事情交给对方；你只有放松了自己，才不会那么执着地想要自己亲自去做。所以，不要太过操心，让自己过得轻松一点，将某些人和事交给别人去办，这样自己才能轻松起来。对此，我们要想活得潇洒一些，轻松一些，就不要去操那些不属于自己范围内的心，有些事情大可以交给别人去做，我们只需要适当指导，等待结果就行了。

2.学会信任他人

况且，如果在日常工作中，我们并不只是一个普通员工，而是领导者。在这样的情况下，还保持着凡事亲力亲为的习惯，那下属到底适合干什么呢？假如我们真的站在领导者的位置，需要将更多的机会让给下属去展现，这既可以有效地锻炼出下属的工作能力，而且还能够凸显领导者的威严。一个领导者若是凡事都亲力亲为，那样的工作量是相当重负荷的，而且，下属只会议论“领导根本不相信我们，什么事情也不交给我们去做”，如此一来，不仅累了自己，而且也将别人展现自我的机会剥夺了。

◆ 听音乐看电影，舒缓神经

现在，越来越多的人将音乐和电影作为了自己发泄情绪、释放压力的方式之一。我们发现，缓解内心压力、发泄负面情绪的方法很多，其中也不乏看电影、听音乐这样轻松又恰当的方式。轻松、畅快的音乐不仅能带给人美的熏陶和享受，而且，还能够使人的精神得到放松，当我们在紧张、郁闷的时候，可以多听听音乐，让那些缓缓流荡的音乐流过我们的心灵，抚平内心的伤痛，重拾久违的快乐。电影与音乐一样，也可以带给我们畅快的感觉，电影就好像另外一个世界，当我们沉浸在电影的剧情之中，我们会暂时忘却烦恼和伤痛，我们的心情只会慢慢地随着电影故事的美好而变得好起来。当看完电影之后，我们差不多已经忘记了我们到底在为什么生气。其实，音乐和电影有一个共同的特点，它们都是艺术。

小江说："我有一个习惯，当我在烦闷的时候，我会选择听轻音乐，因为它不像摇滚乐那样刺耳、嘈杂，更适合我需要安抚的情绪和心境。"

说到自己通过听音乐释放内心的压力，小江一下子兴趣来了，他讲述了轻音乐的发展史："轻音乐可以营造温馨浪漫的情调，带有休闲性质，因此又得名'情调音乐'。它起源于一战后的英国，在20世纪中期达到了鼎盛，在20世纪末期逐渐被新纪元音乐所取代，并影响至今。"说到这里，小江信手放了一手轻音乐的曲子，在缓缓流荡的音乐中，他说："这是班得瑞的音乐，它是轻音乐的经典乐队之一，有人说班得瑞是'来自瑞典一尘不染的音符'。班得瑞来自瑞士，它是由一群年轻作曲家、演奏家及音源采样工程师所组成的一个乐团，在1990年红遍欧洲。"

小江慢慢闭上了眼睛，用很轻的声音说："当你轻轻地闭上眼睛，再放上班得瑞那一尘不染的天籁之音。你就会发现那些不沾尘埃的一个个音符，静静地流淌着，它带走了一直压在心中的忧虑，让你的心灵在水晶般的音符里沉浸、漂净。清新迷人的大自然风格，反璞归真的天籁，如香汤沐浴，纾解胸中沉积不散的苦闷，扫除心中许久以来的阴霾，让你忘记忧伤，身心自由自在。"

有了音乐，即便我们的心灵曲折得九路十八弯，也会被缓缓流荡的音乐抚平，最终回归平静。有了音乐，就算是一个人待在黑暗中也会感到安全，感觉到充实。一个信奉基督教的人讲述了自己的经历："最近老是被烦心事困扰，心变得敏感而细腻，那天，回到住的地方，居然发现自己没有带钥匙，同住的朋友还没有回来，一个人站在空旷的过道里，除了恐惧，还有一点对朋友的憎恨，有趣的是，那天我正好带了圣经，无聊之余，我翻开了圣经，接着灯光朗读起来，还唱起了圣歌，后来，我朋友回来了，这时，我心里已经回归了平静，不再抱怨，也不再生气。"音乐所带给我们的除了愉快，还有一份灵魂的寄托。

情绪启示

当一个人被负面情绪所困扰，感到精神压力巨大的时候，把自己置身于艺术的境界中，卸下心中的负担，你会发现，自己感受到一种前所未有的轻松，畅游在艺术的殿堂里，忘记了烦恼，心绪变得平静，心境变得宁静，那些压力、愤怒都在这样的心境中慢慢释放，最终，我们的心回归到一种平静。

1.艺术会舒缓大脑的紧张神经

与音乐有异曲同工之妙的还有电影，身边有许多友人表示："每次心里感到烦闷的时候，就挑选一些喜剧电影，比如，周星驰的《唐伯虎点秋香》，还有经典喜剧《东成西就》，每次都笑到肚子痛，当我看完了电影，我差不多已经忘记了烦恼了，我所能想起来的全是生活中一些美好的事情。"还有什么比带给我们笑声更适合的释压方式呢？电影就有这样的功效。

2.尽可能选择积极正面的音乐和电影

当然，我们在选择电影和音乐作为释放压力的时候，还需要挑选，尽量寻找一些对我们平复情绪有帮助的，避免激烈的、嘈杂的。比如，在烦闷的时候，你若是再挑选一部恐怖电影或听摇滚乐，这都是不太适合的选择。不过，有的人性格奇怪，他们就需要这类似激烈的电影和音乐，才能释放内心的压力。但在这里，我们还是建议选择舒缓一点的音乐和轻松一点的电影，这样相对而言，给我们的心灵带来的负荷会少很多。

◆ 幽默打趣，生活一路笑声不断

蒙田说："自责往往被人信以为真，自赞却不会被人相信。"每个人的心理都像是一个敏感的天平，稍有变化，就会失去原来的平衡，而幽默地打趣，可以使心理的天平保持平衡，同时，也表达了自己心中的苦闷。如果真的到了气头上无法遏制的时候，可以采用"幽默发脾气法"，比如，父母帮子女操劳家务，而子女却吃完了饭就离开了，父母心中肯定不舒服，这时候，父母可以说上一句："领导，我这个服务员今天病了，是不是可以请个病假呀？"这样，既委婉地将自己心中的不满传递了过去，让子女们意识到自己的不对之处，同时，语气诙谐幽默，更容易让他们接受。事实证明，幽默地打趣，能轻松地化开自己心中的郁结。

在古代，有个文人名叫梁灏，他曾在少年时立下誓言，不考中状元誓不为人。可是，最终由于时运不济，屡试屡败，受尽了人们的讥笑。不过，梁灏本人并不在意，他总是幽默地说："考一次就离状元近了一步。"在这样乐观而幽默的心理状态下，梁灏从后晋天福三年就开始考试，先后经历了后汉、后周，直到宋太宗雍熙二年才考中状元。对此，梁灏写下了这样一首诗："天福三年来应试，雍熙二年始成名。饶他白发头中满，且喜青云足下生。观榜更无朋侪辈，到家唯有子孙迎。也知少年登科好，怎奈龙头属老成。"幽默伴随着梁灏走过了漫长的坎坷，终于走向了成功，实现了当年的誓言，不仅如此，幽默而乐观的性格让梁灏活过了九旬高龄。

智者认为：“愤怒或生气都是自己跟自己过不去。”其实，任何事情都不像自己想象中的那么糟糕，没有必要一直在心里对此耿耿于怀，你的生气或愤怒不过是你自己罢了。如何来抑制内心的愤怒而保持平和的情绪？林则徐给我们正确的答案，他习惯于在堂上挂着“制怒”的字匾，这样，在自己愤怒还没有发作的时候，看到这两个字就及时有效地控制住了自己的怒气。而对于美国人来说，能够抑制愤怒情绪的最佳法宝就是幽默。

在南北战争时期，有一次，一位军官急匆匆地迎面而来，没料到，在作战部大楼的走廊上却一头撞到了林肯的身上。当军官看清被撞的是总统先生的时候，立即赔不是，那位军官恭敬地说道：“一万个抱歉！”林肯诙谐地回答道：“一个就足够了。”接着，林肯补充道：“但愿全军的行动都能够如此迅速。”面对军官无意的过错，林肯没有生气，反而以幽默来化解军官的尴尬。

后来，在一次有关兵力问题的讨论中，有人问林肯：“南方军队在战场上有多少人？”林肯回答说：“有120万。”由于这个数字远远超过了南方军队的实际兵力，那些参与讨论的人脸上满是惊愕与疑虑，对林肯这样冒失地说出一个惊人的数字，感到有点不解和愤怒。接着，林肯解释说：“一点也不错，的确是120万，你们知道，我们的那些将军们每次作战失利之后，总是对我说寡不敌众，敌人的兵力至少是我们军队的3倍，虽然，我不愿意相信他们，这样一来，南方的兵力无疑是增加了3倍，现在我军在战场上有40万人，所以，南方军队是120万，这是毫无疑问的。”

似乎，一切的争吵都是来自情绪，而一切的纷争都来源于情绪。生活在这个世界，每天我们都会面对不同的情绪，似乎情绪已经主宰了我们的一切。但是，当愤怒遇到了幽默感，那不满的情绪就会自然而然地消失。

在一次舞会上，一位身材较矮的男子去邀请一位身材高挑的女孩跳舞，那位女孩直接拒绝：“我从不与比我矮的男人跳舞。”男子听了没有生气，只是淡淡一笑，幽默地说：“看来我真是武大郎开店，找错了帮手？”那女孩脸红了，浑身不自然起来，男子运用幽默打趣法走出了窘境，将尴尬还给了那个伤害自己的女孩。

情绪启示

著名漫画家韩羽是秃顶，对此，他写了这样一首诗："眉眼一无可取，嘴巴稀松平常，唯有脑门胆大，敢与日月争光。"有时候，幽默是对自己缺陷的夸张，能够表现出一个人坦诚的品格，从而得到别人的信赖和好感。

1.装糊涂

吃亏是福，调节一下自己失衡的心理；在一些并非原则的问题上，装装糊涂，为自己的心灵增加保护膜，可以适当幽默一下。幽默是宣泄积郁、制造心理快乐的一种良方，一个人若是善于运用幽默的表达方式，就会使自己拥有平稳、健康的心理。

2.幽默打趣可以平衡自我心理

心理学家认为："一个人的身体状态是受其心理和精神状态所影响的，大约有一半以上的疾病都是由心理和精神方面引起的。"所以，保持心理平衡对我们的身体健康特别重要。

在日常生活中，每个人都会遇到一些使人十分难堪的局面，当自己遭遇窘境的时候，该如何冷静面对，又该如何调整自己的情绪呢？其实，幽默就是一剂平衡自我心理的灵丹妙药。有一位很胖的女孩，她最怕听到"窈窕淑女，君子好逑"这句话，感觉这是对自己莫大的讽刺。后来，她逐渐调整了自己的心态，心想：胖有什么呢？她开始不计较人们的言论，也不再为那些言语而自卑，她总是幽默地说："我胖是胖了点儿，但我很健康。"

◆ 请微笑，生活其实很美好

朋友这样说："每一个人都在寻找快乐，而只有一个方法保证你找得到它，那就是微笑，人生，每天不一定都能得到快乐，如果碰到了烦恼的事情，记得给自己一个微笑；碰到了令自己生气的事情，给自己一个微笑。微笑，可以自己产生一种豁达的心态。"对自己微笑，也是一种积极的心理暗示，暗示心中一份好心情，给自己一个微笑，你会发现生活的美好其实就在心中。微笑，本身就是一种感情交流的美好神态，对别人真诚的微笑，体现了一个人的热情、乐观的心态；对自己微笑，则是一份乐观的自信，让我们的心灵一直生活在愉悦之中，你会发现，生活中的美好并不一定需要真切地寻找，它其实就在我们心中。

在清水龟之助小时候，他随着母亲到寺院去上香，看到方丈正在清洗新鲜桃子，清水龟之助站定了不想离开。方丈清洗完桃子之后，看见了他就把洗好的桃子递给了清水龟之助，但他的妈妈却认为这样做不好，不让清水龟之助伸手接桃子，并对方丈说："师父你还是自己留着吧，这桃子若是给了他，你就少了一个！"方丈听了之后就笑了："虽然我少吃了一个桃子，但却多了一个吃桃的快乐。"说完，方丈便把新鲜的桃子塞到了孩子的手中，飘然离去。

从这以后，清水龟之助就懂得了快乐是可以互相传递的。长大后的他成为了邮差，刚开始的时候，他感到很苦闷，但他并不想把自己的苦恼传染给他人，所以，自始至终他在工作时都保持着微笑，不仅如此，为了获得一份愉快的心情，每天早上，他都会对着镜子给自己一个微笑。当他看到许多人在接到了信件之后露出了开心的笑容，那份快乐又传递给了自己，他觉得邮差这份工作还是挺有意思的。

在很多人看来，邮差是一份辛苦的工作，而且收入很微薄，于是，很少有人会将其作为自己一生的职业。然而，清水龟之助怀着开朗乐观的心态，对自己微笑，一干就是整整25年，成为了日本少数的老邮差之一。每天一大早，清水龟之助就用自行车驮着报刊和邮件穿梭于城市的大街小巷，那些凡是接受过清水龟之助服务的居民都特别喜欢他，因为他每天都面带笑容。当居民们从他手中拿到了信件和报刊的时候，也获得了一份他所传递过来的快乐。他的事迹使得他获得了国家级的奖项——终身成就奖，在这之前那些获得这个奖项的人都是社会的精英，有的人对一个邮差获得了如此殊荣而感到不解。但是，在得知了清水龟之助的事迹之后，他们改变了自己的想法，纷纷为清水龟之助鼓掌。

1972年，尼克松竞选连任总统，由于自己在第一任期政绩斐然，其实，他完全有绝对的优势获得胜利。但是，他却走不出失败的阴影，没有学会对自己微笑，于是，在潜意识的驱使下，派手下潜入对手的办公室安装了窃听器，最后，在选举胜利后不久就被迫辞职。

成功的时候，需要给自己一个微笑，但我们不可流连太久；失败的时候，更需要给自己一个微笑，让轻松的心态去面对一个挫折；生气的时候，需要给自己一个微笑，让乐观的心态去战胜内心的不良情绪。对自己微笑，是一种积极的心理暗示，暗示自己没有必要生气。

伟大的发明家爱迪生的工厂曾经失火，造成了近百万美元的设备瞬间化为了乌有，67岁的爱迪生听到消息赶到了火灾现场。旁边的员工们认为他看着这一片废墟，一定十分生气，谁知爱迪生表现得十分镇静，甚至还笑着说：“这场大火烧得好哇，我们所有的错误都烧光了，现在可以重新开始了。”生活就如同一面镜子，你对它哭它就哭，你对它笑它就笑。对自己微笑，我们将收获一份乐观的心态，而这样的心态将帮助我们战胜一切不良的情绪。

梁实秋说：“一个人发怒的时候，最难看。”确实，一个发怒的人，脸红脖子粗，龇牙咧嘴，难免会有损自身形象。俗话说：“人们一发怒，上帝就发笑；上帝一发笑，人就很难平心静气地去思考。”相比较微笑，发怒的表情实在很难看，所以，就算是为了自身形象着想，我们也要学会对自己微笑，而不是将发怒的表情定格在自己脸上。

情绪启示

古人云：“人生不如意之事十之八九。”在日常生活中，我们总是避免不了一些烦心的事情，虽然，我们无法改变事情的好坏，但我们却可以改变心情，不管自己遇到了什么，都要学会对自己微笑。微笑，是一种愉悦的表情，当然，每个人都有情感的自然表露，但是，对自己微笑，却不是每个人都能做到的。

1.微笑面对生活

每一个人要学会微笑，更好地享受生活，只有对自己微笑，快乐才会将生活围绕。微笑，不仅代表着我们的心态，而且，还能够有效地影响他人的心情。所以，学会对自己微笑吧，你会发现生活的美好其实就在自己心中。

2.困难面前更要微笑

在人生道路上，既有坦途，也有坎坷荆棘，人们在失败时就消沉低迷，忘记了微笑是什么；在生气愤怒时就歇斯底里，忘记了微笑是什么。失败了给自己一个微笑，生气了给自己一个微笑，以平常心来面对生活中的那些成功与荣誉，你会发现生活其实很美好。在我们身边，有的人会成功，有的人却失败了，造成这样不同结果的原因在哪呢？其实，我们都忽略了最重要的一点，那就是忘记了对自己微笑。

第15章
享受轻松惬意生活：告别坏情绪

在生活中，我们的内心时常会滋生焦躁的火气，这时不要与自己生气，而是努力平复焦躁的火气，追求简单的生活，学会淡定从容地生活，给予自己积极的暗示，等等，通过这些途径可以有效地消减我们内心的坏情绪，从而让心灵感受如风的快乐。

◆ 越简单越快乐

古人曰："大道至简。"意思是，越是真理的就越是简单的。在我们的一生中，总会有许多的追求，许多的憧憬，甚至我们会面临许多的诱惑。或追求真理，或追求刻骨铭心的爱情，或追求理想的生活，或追求金钱，或追求名誉地位，等等，但太多的欲求是否会让我们的生命难以承受之重呢？生命之舟若是太过繁重，生命就不再是一个蓬勃向上和快乐进取的过程，而会成为一个痛苦无奈的延续，而一个在痛苦中挣扎的生命，无论拥有的东西再多，也都暗淡无光。就像古人所说"大道至简"，其实，真正快乐的生活应该也是简单的，或者说，最简单的生活才是快乐的。当然，这种简单并不是贫乏或贫穷，而是繁华之后的一种追求，是一种去繁就简的警界。越简单越快乐，这确实是简单的真理，因为简单，我们的心很容易知足，哪怕是生活中一个细小的惊喜，我们也会变得快乐不已，这时快乐已经不再那么奢侈，而是很容易就能获得。

在宏村，有一位德高望重的老人，同时，他是一位医术精湛的老中医。他行医的宗旨是悬壶济世，解人疾苦。对于那些贫困的病人，他不仅免费医治，而且还给予精神安慰和金钱上的帮助。他在家乡行医了半个多世纪，积蓄颇为丰厚，于是他就在家乡开办了一座济老院，收留那些晚年生活无依无靠的老人，这个济老院完全是慈善性质的。

虽然老人花了大笔的钱来办济老院，但他自己的生活却坚持一切从简的原则。他常年穿戴的都是旧而干净的布衣布帽布鞋，这些衣物的历史都在30年以上，宏村的人们很少见到他添置新的衣帽，平时家里人置办新的衣服给他，他也不穿，而是将这些崭新的衣服送给那些缺穿的人。在饮食上，他更是主张粗茶淡饭，以素食为主。生活如此之简单，但老人却生活得异常快乐，他闲来没事时就会去济老院陪那些老头老太太唠家常、叙往事。在老人70岁的时候，他在济老院的前后种植了大片的竹子，等到他101岁逝世时，竹子已经是郁郁葱葱，蔚然成林了。

后来，宏村的人为了纪念这位老人，专门在竹林前立碑，除了记述老人的生平事迹以外，还为这片竹林题下了“慈竹林”这三个大字。

简单的生活，首先应该有简单的心态。老中医舍得花大笔的钱来办济老院，做慈善事业，但并不意味着他在自己的生活中也是大手大脚，甚为讲究，相反，他自己的生活却是一切从简，一点也不烦琐。恰恰是因为这样的简单的心态，因而他更容易获得快乐，从而也获得了长寿。

情绪启示

美籍华裔数学家陈省身教授曾这样说道：“把奥妙变成常识，复杂变为简单，数学是一种奇妙有力、不可或缺的科学工具，人生也是一样，越是单纯的人，就越容易成功。简单既是思想，也是目的。人生是一种乐趣，一种创造。

人生快乐，快乐人生，生活的动力就是不断寻找和发现乐趣。生命是否有意义，包括事业、家庭生活、健康长寿等，都和快乐有关。一个人一生中的时间是常数，应该集中精力做一些好事。”

1.控制自己的欲望

追究简单极致的生活，需要适当控制自己的欲望，这些欲求当然是物质生活和人际交往这方面。而对于精神的追求，反而会更多。因为一个在物质和世俗关系方面追求很少的人，才可能有更多的时间去追求精神世界的丰富多彩。当然，欲望是难以克制，欲望本身也是有利有弊的。有“度”的欲望是人生命的内在动力，是人们奋斗和追求事业成功的推动剂；但是，一旦超过了限度，人的欲望就好像一匹脱缰的野兽，最终会将一个人拖入无底的深渊。

2.追求简单生活

一个追求简单生活的人，他会心无旁骛，将那些引起自己烦恼的事物丢掉，不让它干扰自己的身心和脚步。简单使人快乐，简单生活是快乐的绝世法宝。当交错复杂的生活变得简单，你会发现快乐也是比较容易获得的生活，因为我们心中已经无欲无求，在这样的心境下，自然就容易变得快乐。

◆ 以淡定微笑回应一切是非

生活中，当有人不怀好意地气自己，该如何是好呢？有的人会选择生气，有的人会选择置之不理。其实，最有效的回击方法是以淡定的笑容还击，这是一种回应，但更显出了自己心胸的宽阔，凸显出对方的愚蠢。此外，淡定的笑容还有一个神奇的功效，当我们对着别人微笑，同时也会自己也会感受到微笑的作用，并能够适时平静下来。反之，如果你总是不服气，恶语相向，引发愤怒的情绪，那才是顺了对方的心愿，因为对方之所以想法设法嘲讽你、讥笑你，那最终目的只有一个——激怒你。在这样的情况下，我们就不能遂了对方的意愿，我们越是生气，他就越是兴奋。反之，如果我们越是不生气，越是快乐，对方倒是不知道该如何是好了，这会让他感受到一种挫败感，原来用言语激怒对方并没有任何效果，他自然会灰溜溜地离开。

有这样一位清洁工阿姨，每天，她不仅干着最劳累的活，而且，还常常遭受路人的白眼和不屑，但是，无论在什么时候，她所流露出来的是微笑。

有记者采访她，问道："为什么看到那些骂你的、蔑视你的人，你都不会生气呢？"清洁工阿姨回答说："有什么值得生气的呢，他们对我无礼，我岂能还之以无礼，他们用最肮脏的话、最冷漠的眼神来蔑视我，我当然以笑容来蔑视他们呢，因为失去修养的是他们，而不是我，如果我生气了，不正好中了他的心思吗？所以，面对这些故意气我的人，我坚决不生气。"

清洁工阿姨那简简单单的一句话，却揭示出了事情的深刻道理，确实，既然是对方无礼的行为，我们又何必去生气呢？如果我们真的生气了，那不过是愚蠢的行为，简直是拿别人的错误惩罚自己。在这时，最好回击别人的方式，就是给予对方一个淡定的微笑，这是一种无声的回应，却是最有效的回应。在淡定微笑中，不仅消减了我们内心的愤怒，同时也融化了对方的敌对情绪。

情绪启示

无论在什么时候，淡定的微笑都能够给予一定的征服力。谁能在对峙中保持淡定的微笑，谁就能够赢得最后的胜利。反之，与淡定微笑相对的是愤怒的情绪，它就好像是一个魔鬼，会带领着我们走向地狱，而淡定的微笑可以平复内心激动的情绪，给予对方强有力的震撼，那看似淡定的微笑，实则是对他人的还击。

1. 越生气，对方越开心

一个容易生气的人，很容易就会被他人的言语激怒，从而说出一些因情绪过激的话语。实际上，当别人有意气你，你越是生气，对方越是会因为自己的计谋得逞而兴奋。如果是这样，我们真的生气了，那岂不是自己往陷阱跳吗？因此，不管对方所说的话有多难听，不管对方的态度多嚣张，我们只需要保持淡定的笑容，不让对方有机可乘，这样我们才会真正地赢得这场“战役”。

2.保持平和情绪，淡定微笑

面对无礼者的肆意攻击，我们不需要怒气冲冲，也不需要正面回应，只需要露出淡定的笑容即可。淡定的笑容预示着一种平和的情绪，而单单就是这种情绪也可以压倒对方。如果我们遭受了那些不怀好意人的嘲讽，不要生气，而是学会克制自己的情绪，保持淡定的微笑，这样的反击才备显力量。通过淡定的微笑，不仅能显示出自己的涵养，而且保持平和的情绪，我们才能冷静、从容地思考出最佳的对策。

◆ 开怀大笑是一剂良药

有一位智者很喜欢大笑，而且，通常是在嗔怒时大笑，弟子感到不解：“既然这么生气，为什么会选择笑呢？”智者这样回答：“因为大笑可以帮我赶走内心的怒气，即使我强迫自己大笑，也能够达到这样的作用，所以，既然笑能有如此的作用，我又何苦选择生气呢？”原来，健康的开怀大笑是消除精神压力的最佳方法之一，同时，也是一种愉快的发泄方式。当愤怒的情绪找不到发泄的出口，我们应该选择开怀大笑，忘记心中的忧虑，让那些火气烟消云散。当爽朗的笑声冲上云霄，我们心中的怒气也就自然消失了，愤怒的情绪也没影了，这就是所谓的“笑一笑，十年少”。

小王大学毕业后，进入了一家大公司，不过，拿着名牌大学的毕业证，他却在办公室里当了一名普通的文员，这令小王十分苦恼，心中常常为此愤愤不平。另外，由于小王不太善于表现自己，内心有着强烈的自卑感，使得自己的才能无法施展开来。过了一段时间后，小王觉得生活压力越来越大，浑身都没有精神，莫名其妙地失眠。小王觉得自己心理有了问题，在一个星期天，他走进了一家心理咨询中心。面对医生，小王倾诉了心中的苦闷，不过，医生并没有给小王任何的劝导，而是提出一个小小的要求：“每天早晨起床后，什么不要干，先对着镜子里的自己笑一下，在一天的工作中，如果感到苦闷了，就找到安静的地方，开怀大笑一番。”小王半信半疑，但是，还是照心理医生的话去做了。

一个星期过去了，小王又去了医院，医生问他：“感觉怎么样？情况是否有所改观？”小王感慨地说：“真没想到，这个办法真的很灵验。”原来，刚开始照镜子的时候，小王被自己的样子吓了一跳：眉头紧皱，满脸沮丧，活脱脱一张苦瓜脸。虽然，以前小王也会对着镜子剃须、洗脸之类的，但那时都是面无表情，小王意识到自己好久没有认真地审视过自己了。小王想着以前自己是一个快乐的小男孩，记得自己以前也是喜欢笑的，可是，当他第一次对自己微笑的时候，却发现笑容变得十分僵硬。后来，小王开始每天对镜子里的自己笑，他在镜子里看到了一个快乐的自己，他感到浑身的力量回来了。

小王有些疑惑地问医生：“请问这是什么道理呢？”医生笑着说：“笑赶走了你内心的怨气和忧虑，为你带来了自信和快乐，因此，你的生活和工作都有了较大的影响。”听了医生的话，小王恍然大悟，以后，在办公室里，同事们经常都能听到他那爽朗的笑声。

当一个人大笑的时候，身体会立即释放内啡肽，从而赶走压力，驱走内心的负面情绪，释放压力。即使强迫自己大笑，也会产生同样的效果。当然，我们所需要的是健康的开怀大笑，这不得不有一些前提条件。比如，高血压患者应该尽量避免大笑，否则会引起血压上升、脑出血等；正处于恢复期的患者也要避免大笑，因为这有可能使病情发作；还有，当一个人在吃东西或饮水的时候，也不要大笑，以免食物和水进入气管，导致剧烈咳嗽，甚至窒息。

情绪启示

美国马里兰大学医学教授迈克尔·米勒教授说："大笑可以提高内啡肽水平、强化免疫系统、增加血管中的氧气含量。"对此，有关心理专家认为，健康的开怀大笑还有诸多益处。德国研究人员发现，大笑10～15分钟可以增加能量的消耗，所以，大笑是保持身材苗条的最佳方式之一。

1.笑一笑，十年少

在西方国家也有类似的谚语："开怀大笑是一剂良药。"由此可见，开怀大笑对一个人身心的益处，完全得到了中西方医学专家的普遍认可。其实，笑是很简单的，它几乎是人类与生俱来的本领。

2.喜欢笑的人运气不会太差

一个喜欢笑的人，他的运气一定不会太差。因为笑容可以让一个人看起来更有魅力，更自信，同时，还能够促进自我价值感的上升，有助于人们克服困难。如果说其他的发泄方式还需要学习，那想必开怀大笑是任何人都不用学习的，还犹豫什么呢？当怒火攻心的时候，停止几秒钟，开怀大笑，那些心中的不快自然会烟消云散。

◆ 尽情运动，在酣畅淋漓中忘却烦恼

当怒火袭来，喘不过气来的不快如何释放，不良的情绪该如何宣泄呢？当一个人不良情绪积压到一个人无法承受的时候，人可能会崩溃，他们会感觉到焦虑、乏力、烦躁、创造力减退等，有时候身体也会出现食欲不振、心痛、心悸、胃肠不适、脱发等不良反应。现代社会，经常在人们嘴里蹦出来的是“郁闷”“压抑”等情绪词语，由于经常会在生活和工作遇到一些不开心的事情，而碰到这种局面的时候，许多人就会把生气、委屈、愤怒等不良情绪闷在心里。对此，心理学家指出，长期将不良情绪积压在心里，这对自己是有害的。一方面，将不良情绪积压在心里，别人并不知道你在生气，别人的言行可能会让生气的人心理波动更大；另外一方面，对于自己而言，消极情绪积压越来越多，心里就会越来越不舒服，直至崩溃的边缘。那如何才能找到健康的发泄途径呢？运动，当然是运动，在汗水淋漓中，蒸发掉内心的不快，运动之后，整个人顿觉清爽不已，那些长期积压在心中的坏情绪也会消失得无影无踪。

林浩上大学时是学校运动协会的会员，他几乎擅长所有的运动，而且大多都是极具力量的运动，比如，跑步、篮球、足球等等。偶然的一次，他竟然发现运动隐藏着的其他效用，那就是可以发泄自己内心的消极情绪。

那是在大四最后一个学期，兴致勃勃的林浩怀揣着证件去一家自己向往已久的公司应聘，没想到最终却被刷下来。顿时，林浩有一种心如死灰的感觉，好像自己四年大学都白念了，他觉得自己好没用。内心的委屈、羞愧、挫败一起袭来，他觉得整个人都要疯掉了。在情绪交错之间，林浩无意识地抱起了地上的篮球，飞一般地跑向篮球场，三步、两步，上篮，灌篮，他几乎已经与篮球融为一体了，不断地重复着相同的动作。这样大概持续了20分钟，他终于没力气了，瘫坐在地上，看着满头大汗的自己，他笑了，从前那个爽朗的自己又回来了。

从这以后，林浩就将运动当成了自己发泄的途径。后来工作以后，找不到合适的运动场所，他就喜欢去健身房。每一次去运动，都要让自己运动到出汗为止，看到出汗了，他就觉得那些不快好像都被蒸发掉了。

心情不好就想办法出汗，这是一个不错的方法。许多年轻人都喜欢通过运动来排忧解闷，适当的运动更是调节情绪、缓解压力的好方法，因为运动本身可以促进人体的内分泌变化，对身体是很有益的。一个人心情的好坏，与大脑内分泌出的一种名为“内啡肽”的物质的多少有关系，而运动则可以刺激内啡肽增多，从而获得轻松愉悦的身心状态，可以帮助人排遣怒气和不快。当然，并非只要运动就可以产生愉悦的心情，比如像瑜伽、健身操、跑步、登山等运动，每天持续在30分钟以上才可以刺激内啡肽的分泌。

情绪启示

对于容易生气的人，应该学会正确和应付生活中的事件和不良情绪，同时要学会沟通。而当缺乏沟通渠道时，运动则是一剂良方，多运动，多拓展自己的兴趣，在运动中可以忘记很多东西。确实，我们完全可以通过运动的方式来使自己得到放松，比如跑步、打篮球、打排球，那种运动之后全身酣畅淋漓的快感，并由此获得一种心理上的平静。在运动中，我们出汗了，臂膀有力地挥舞着，在这个过程中，我们已经摆脱了那个生气的魔鬼。同时，运动其实也是需要讲究方法和智慧的，尤其是其中的某些运动需要集中全部注意力，这时我们已经没有多余的时间去生气了。

1.运动是不可多得的健康途径

通过跑步发泄的人，可以在速度中跑去烦恼；通过打羽毛球发泄的人，由于此项运动是灵敏度和速度的结合，精神高度集中，可以很快忘掉烦恼；通过打篮球发泄的人，他们可以在汗水中忘却烦恼。运动，确实是一个不可多得的健康途径。当一个人被不良情绪困扰的时候，在他身体内部就好像住着一个会生气的魔鬼，他需要使劲才能摆脱它，恰好运动就是这样极具力量的方式。

2.运动也要把握好“度”

此外，我们需要注意的是，运动也需要讲究一定的限度。如果一味地将运动当作一种发泄的手段，反而会伤身。过大的运动量会透支体能，给身体带来损害；如果你的注意力没在运动上，会增加运动的危险系数，造成肌肉拉上。对此，当我们在通过运动发泄怒气的时候，需要把握一个度，尽量在不伤害身体的情况下进行，否则便是得不偿失了。

◆拿自己开涮，没什么大不了

有人说：“无论你想笑别人什么，都不妨先笑你自己。”在生活中，自嘲简直可以说是治疗尴尬的一剂良药，当自己遭遇尴尬的时候，不妨拿自己开涮，反而会让身边的人开怀大笑。如果有人激怒你，没什么大不了，不妨自嘲一下，化解自己尴尬的同时，也给对方展现出一个胸怀大度的自己。幽默一直被人们称为只有聪明人才能驾驭的语言艺术，而自嘲又被称为幽默的最高境界。自嘲是缺乏自信者不敢使用的语言艺术，因为它要你自己骂自己，也就是要拿自身的失误、不足甚至生理缺陷来“开涮”，对丑处、羞处不予遮掩、躲避，反而把它放大、夸张、剖析，然后巧妙地引申发挥，自圆其说，博得一笑。所以说，那些善于自嘲的人，必须是智者中的智者、高手中的高手。

在一个中秋佳节，乾隆皇帝在御花园召集群臣赏月。他一时兴起提出要与纪晓岚对句集联，以增雅兴。一向一向自恃才高八斗、文思敏捷的乾隆先出了上联：玉帝行兵，风刀雨剑云旗雷鼓天为阵。出完了上联，乾隆踌躇满志地望着纪晓岚，看他如何对下联。

纪晓岚沉思片刻，对出了下联：龙王设宴，日灯月烛山肴海酒地作盘。明眼人都看出，纪晓岚的下联不但工整，而且气势宏大，和乾隆所出的上联简直是过犹不及。可是，乾隆听了下联，脸色开始变了，一时间阴沉着脸。这时纪晓岚当然明白乾隆的心思，俗话说："伴君如伴虎。"一向好胜的乾隆，怎么容得下自己所出的下联呢？看来自己不该一比高低，否则弄不好会引来杀身之祸。

面对这样的情况，纪晓岚心里也很着急，但他并非等闲之辈，只见他灵机一动，巧舌如簧："主人贵为天子，故风雨雷电任凭驱策、傲视天下；微臣乃酒囊饭袋，故视日月山海都在筵席之中，不过肚大贪吃而已。"听到纪晓岚这一番话，乾隆刚刚消失的得意之色再露，笑着对纪晓岚说道："爱卿饭量虽好，如非学富五车之人，实不能有此大肚。"

在上面这个故事中，在那样的情况下，纪晓岚唯一的办法也就是拿自己开涮，有什么大不了的呢？比起丢掉性命，自嘲算是很轻松的，适度的自嘲，不仅是一种良好的修养，而且还化解了一场危机。

20世纪50年代初，美国总统杜鲁门会见十分傲慢的麦克阿瑟将军。会谈中，麦克阿瑟拿出烟斗，装上烟丝，把烟斗叼在嘴里，取下火柴。当他准备划燃火柴后，停下来对杜鲁门说："抽烟，你不会介意吧？"

显然，这不是真心征求意见，在他已经做好抽烟准备的情况下，如果对方说他介意，那就会显得粗鲁和霸道，这种缺少礼貌的傲慢言行使杜鲁门有些难堪。然而，他看了麦克阿瑟一眼，自嘲道："抽吧。将军，别人喷到我脸上的烟雾，要比喷在任何一个美国人脸上的烟雾都多。"

麦克阿瑟将军当然不是真心征求意见的，他那种行为显然是一种挑衅，但杜鲁门更明白，如果自己表现得很生气，当场撕破脸皮，那会影响到两国的交际。对此，有什么大不了的呢？如此以漫不经心、自嘲的口吻说几句取悦人的话，可以活跃气氛，消除彼此之间的尴尬。

情绪启示

其实，自嘲是一种心理成熟的标志，他懂得通过拿自己开涮的方式来平复内心的怒气，同时也化解对方的敌意，确实算是高明的斗心谋略。与其跟自己斗气，还不如与他人斗心，你越是不在意，越显得自己很大度，自然在人格上就战胜了对方。而且，自嘲还会产生幽默的效果，可以挽救自己，同时也娱乐了大家。当然，如果我们想运用自嘲的语言艺术，那首先我们应具备豁达、乐观、洒脱的心态，如果缺少这些特质，我们是没办法自嘲的。

1.自嘲需要具备豁达的胸怀

那些生活中斤斤计较、尖酸刻薄的人是难以自嘲的，他们只会跟别人争执起来，将场面搞得更僵，因为他们没有勇气拿自己开涮，更重要的是，他们一直纠结在自己被人攻击的心理中，在狭隘的心理作用下，他们会想办法报复，而绝不是以自嘲化解尴尬。在日常交际中，就语言表达艺术而言，自嘲的语言艺术是最安全的，因为伤害不了任何人，除了自己。

2.自嘲有效促进关系的和谐

在生活中，如果有人想贬低我们，不管对方是有意的还是无意的，不可避免地都会让我们心生不快，这时如果我们以犀利的语言还击，那自然会让场面更加难堪，在这样的情况下，还是拿自己开涮才是上上之策，不仅挽救了尴尬的局面，而且也显示了自己的大度。

◆ 没有糟糕的环境，只有糟糕的心境

在生活中，无论我们置身多么糟糕的环境，只要我们的心境还算是平静，那所有的情况都不算糟糕的。没有不好的环境，只有不静的心境。有时候，阻碍我们前进的并不是外在的不好的环境，而是我们内心不安定的心境。虽然，外在的境遇是我们所不能改变的，但心境却是可以改变的。改变了心境，就相当于改变了环境，所谓“境由心生”，我们心境怎么样，环境就会变得怎样，因为我们可以改变心境，让心境与环境合拍，从而改变不好的环境。一个人若是拥有了不安定的心境，即便他处于多么顺利的环境之中，他也会感到异常苦闷；反之，一个人若是拥有了对生活的热情、乐观的心境，那不管他处于什么样恶劣的环境，他依然可以过得快乐幸福。

一位将军去沙漠参加军事演习，妻子塞尔玛需要随军驻扎在陆军基地里。由于沙漠干燥高热的气候，令塞尔玛感到很难受，而身边又没有可以倾诉的人，陷于孤独的塞尔玛经常给父亲写信，在信中透露出自己想回家的强烈愿望。然而，拆开父亲的回信，只有短短的两行字：“两个人从牢中的铁窗望出去，一个看到泥土，一个却看到了星星。”父亲的回信令塞尔玛十分惭愧，她决定要在沙漠里寻找星星。

从此以后，塞尔玛开始与当地人交朋友，彼此之间互相赠送礼品，闲来无事，她开始研究沙漠里的仙人掌、海螺壳。慢慢地，她迷上了这里，通过亲身的经历，她写了一本书《快乐的城堡》。

沙漠并没有改变，当地的印第安人也没有改变，那到底是什么使塞尔玛的生活发生了巨大的变化呢？心境，当然是心境，以前内心烦闷的塞尔玛看到的只是泥土，当心境发生变化之后，乐观的塞尔玛在沙漠里竟然寻找到了星星。

小娜是报社的一名记者，最近她接到了一份特殊的采访任务。当她拿到被

采访者的资料，她不禁有些难过，这是一个怎样的女人：丈夫早些年得了重病去逝了，欠下了大笔的债务，家里有两个孩子，还有一个有残疾，女人只是在一家小型的工厂里当一名女工，微薄的薪水养着整个家，还需要还债。她一下午都坐在家里，想着：她家里不知道是什么样子？女人和孩子都蓬头垢面，满脸悲苦，又黑又潮的小屋里没有一点鲜活的色彩，自己去了，也许只会不断地听到哭诉。

那个周末，小娜满怀同情，按着地址找到个那个女人居住的地方。当她站在门口，有些不敢相信自己的眼睛，她甚至怀疑自己找错了地方，于是又向女主人核实了一遍。确认无误之后，她再开始重新打量这个家：整个屋子干干净净，有用纸做的漂亮门帘，墙上还贴着孩子上学获得的奖状，灶台上只放着油盐两种调味品，但却把罐子擦得干干净净，女人脸上的笑容就像她的房间一样明朗。小娜坐在用报纸垫着的凳子上，热情的女人为她拿来了拖鞋，小娜看见那鞋居然是用旧的解放鞋的鞋底做的，再用旧毛线织出带有美丽图案的鞋帮。

当女人也一起坐下来，小娜不禁有些好奇她是怎么把这个家打理得这样舒适的，女工一边干着活，一边微笑着说："家里的冰箱洗衣机都是隔壁邻居淘汰下来送给我们的，其实用的也蛮好的；工厂里的老板同事也都给照顾自己，还会让自己把饭菜带回来给孩子吃；孩子们也很懂事，做完了一天的功课还会帮忙干家务活……"

小娜听着听着，眼睛有些湿润了，叹息道："虽然你所面临的环境是糟糕的，但是，你的心境却是阳光。"这并不是同情，而是一种赞叹，赞叹女人的坚强，更赞叹女人的乐观。

故事中，女工所处的环境是相当糟糕的，如果换了别人，估计早已经生活不下去了。但拥有阳光心境的女工却坚持下来，不仅努力地活着，而且还用自己微薄的薪水创造了一个干净而温馨的家，这确实值得我们赞叹。乐观的女工竟然面对如此境遇还能坚强地生活下去，那我们呢？

情绪启示

亚伯拉罕·林肯在一次竞选参议员失败后这样说道：“此路艰辛而泥泞，我一只脚滑了一下，另一只脚也因而站不稳；但我缓口气，告诉自己‘这不过是滑一跤，并不是死去而爬不起来’。”在生活中，一些不好的境遇往往会如期而至，不管我们接受不接受。对于我们自身而言，既然那些不好的环境是无法改变的，为什么不尝试着改变自己的心境呢？

1.心境好，一切都好

当你的心境变得阳光，你所看见的一切都是美好的，你就不会在抱怨环境是多么糟糕的，似乎它比你想象中还要好得多。没有不好的环境，只有不静的心境，当你的心境变得平静，自然就不会为那些不好的环境而斗气了。

2.乐观面对，环境并没那么糟糕

在这个世界上，根本没有不好的环境，有的只是苦闷的心境。当你感到苦闷或烦躁的时候，不妨想想，你所认为的不好环境是否在于自己拥有了一份糟糕的心境呢？如果答案是肯定的，那就尝试着改变心境，放弃苦闷的心境。以乐观的心境面对，你会发现，之前所认为的不好环境并没有想象中那么糟糕。

第16章
好心态铸就美好一生：驾驭完美人生

在生活中，我们要想培养良好的心态，就需要有效地掌控人生的脚步，有意识地控制自己的情绪，以最平静的心态去铸就美好的一生。当坏心情降临，不妨以各种方式调节心情，让自己的心情变得平静、祥和，从而培养出良好的心态。

◆ 平和惬意，不生气的人才更有福气

在西方有一句广为流传的名言：“播下一个行为，收获一种习惯；播下一种习惯，收获一种性格；播下一种性格，收获一种命运。”性格是一个人深层次的东西，而一个人的性格往往影响着其命运。我们可以说，性格是左右其命运的重要因素和神秘力量，一个人的性格的好坏将直接影响到其婚姻的美满、事业的顺利和生活的幸福，在生活中，那些好性格的人将会为自己赢来好福气。那么，什么才是好脾气呢？平和惬意，不生气的人自然称得上是好脾气，他们的内心越是祥和，其交际能力就越强，所建立起来的人际关系就越牢固，当然，这样一来，他的事业和生活也就很容易获得成功了。

张太太自认是一个坏脾气的人，她常年在外面工作，这么多年来，她将在外面受的委屈和痛苦、遭遇的不顺和烦恼，一股脑儿地洒给了家人。有时候，

母亲做的饭菜不可口，她都要嘟囔抱怨好半天，父亲没能帮她办成事情，她就给父亲黑了几天脸，母亲心疼孩子多给了零花钱，张太太也会毫不留情地大声数落。

即使是面对朝夕相处的老公，张太太也没好脸色。老公拖地不干净，她会瞪大了眼睛斥责；老公应酬晚归了，她会堵在家门口教训他；儿子作业没认真写，她气得将孩子的作业本摔在地上；儿子成绩下降，拿着试卷，王太太就暴跳如雷。这么多年，家里似乎没有安宁的日子，张太太也疲惫了。

母亲常常对张太太说："你这孩子，人能干，心地也善良，就是脾气不好。"老公也说："你这人，一辈子全是脾气害了你！"孩子也多次表示抗议："妈妈呀，啥时候改改你那坏脾气，我就少流几次眼泪。"

张太太情绪不够平和，总是处处斗气，使得自己的家庭失去了原有的和谐和温馨。就好像案例中所讲述的那样，在生活中，那些性格不好的人更容易与他人发生矛盾，甚至酿成冲突，最终他们所迎来的只能是无比糟糕的生活。在现实生活中，我们经常看见那些性格不好的人因其脾气差而失去了最爱的人，有的人还因为冲动暴躁的脾气走上了不归路，那些心绪不够平和、脾气差的人，他们所面对的总是晦气和灾难，毫无福气可言。

李先生刚刚在家里发了脾气，突然想起来该理发了，于是，他走进了一家理发店，带着阴郁的脸色。李先生一边回想起刚才与老婆的争吵，心中越想越气，这时，理发师捋着他的头发说："你的头发很软，先生，你一定是好脾气的人。"李先生愣住了，自己怎么能算是好脾气呢？从小自己就是出了名的打架大王，常常因为一点点小事就跟人打架；在部队的时候，出于对战友的嫉妒，将对方的鼻子打出了血；就在30岁的时候，还差点对一个同事动手了。想想，自己怒发冲冠拔拳相向的事情并不少，怎么会是一个"好脾气"呢？

李先生透过镜子看到那位理发师，笑了，活了大半辈子，才明白，好脾气是应该受到赞美的，应该得到尊重的。于是，理发师建议李先生不要在理平头，而是把头发蓄起来换个发型，李先生想也没想就回答："好的。"

或许，李先生的头发真的变软了，在他嘴里开始经常出现"好的"，以前，他与老婆的意见永远不可能一致，越吵心情就越不好，心情越不好就越吵，吵架简直成了家常便饭。不知道从哪天开始，李先生不再执拗自己的意见了，老婆说："今晚炖条鱼来吃。"李先生会笑着回答："好的。"过一会儿，老婆说："今晚吃红烧肉。"李先生依然回答："好的。"再过一会儿，老婆说："好像这大鱼大肉都没啥好吃的，干脆炒个小菜算了。"李先生回答说："好的。"可是，快到吃晚饭的时候，还是不见饭菜，老婆说："今天，我不想做了，干脆到外面吃吧。"李先生依然好脾气地回答："好的。"好脾气真的能带来好福气，老婆在李先生的好脾气下也自觉收敛了自己的脾气，彼此相敬如宾，感情日益深厚。

原来，一个人嘴里习惯说"好的"，这也算是一种好脾气，因为其内心比较平和惬意。只有当我们对身边的事情毫无异议，不再挑剔的时候，我们才会说"好的"，这既是对别人的一种赞同，同时，也表示出自己平和的心境。如果在生活中你的性格比较糟糕，不够平和，那么请学会对身边的人说"好的"，这样会给我们迎来好福气。

情绪启示

那些喜欢生气的人，由于其难以相处的性格，总是在不知不觉间树下许多敌人，自然，他的人际关系就会不怎么样，做起事情来就会容易碰壁。所以我们常说，那些有着平和惬意性格、不生气的人才会更有福气。

◆ 拥抱大自然，让坏心情随风而去

古语说：“春有百花秋有月，夏有凉风冬有雪。若无闲事挂心头，便是人间好时节。”浅显简单的道理，只有回归到大自然，我们的情绪才会变得平和起来，而那些一直存在的坏心情则会如灰尘般渺小。在生活中，物质和财富并不能让我们的心情变得好起来，它恰恰是起到了相反的作用。人生在没有事业、没有财富的时候，往往会将事业和财富当作是好心情的保障，他们总是因缺乏这些东西而产生坏心情。其实，这只是我们一厢情愿的想法，在现实生活中，有多少事业成功的人士，他们有着百万元、千万元甚至上亿元的财产，但他们却连最基本的好心情都不能正常拥有。他们虽然拥有豪华别墅，却不能安然入睡，整天面对着山珍海味，却毫无食欲，这一切都是因为现实社会太过复杂、市侩，难以给人们带来好心情。在这样的情况下，我们应该投入大自然的怀抱，体验最简单的快乐，坏心情自然会消失得无踪无影。

最近，我一直为自己的身世而烦恼，坏心情就好像从我的每个毛孔钻出来，好像看什么都不顺眼，我从小就没有妈妈，她抛弃了我，我恨她，但在我内心深处，我又特别想念她，这样的矛盾心情一直折磨着我。我感觉心好累，在不知不觉间，我来到了老家，这是一个只有自然的朴素地方。

走进大自然，这里的一切都令人欣慰、平和，没有喧闹的汽车鸣叫声，没有人们的吵闹声，一切都是那么的清晰、新鲜。阳光潇洒地照耀着大地，火辣辣的太阳变得很温暖，给我心灵无尽的安慰。

漫步在辽阔的草原里，风在我的身旁，很清爽，很温暖，就好像一双慈母的手，抚摸着我的脸颊，很轻柔，很温暖。风的味道，简直令我难以割舍，它的味道，让我想起儿时所熟悉的妈妈模糊的香味，以及妈妈曾带给我的温暖。原来，世界真是变幻莫测，虽然妈妈不在我身边，但风让我变得什么都满足，而这种满足是前所未有的。

走进森林，我闻到了香甜的果实，抬起头来，竟然发现那些早已经成熟的果实不知道什么时候跑到了我的眼前，它们好可爱，红红的，衬托出它们美满的生活与幸福。我就好像一个调皮的孩子，轻轻地摘下一枚果实，也不顾卫生就塞进了嘴里，果实的甘甜袭来，让我瞬间忘却了一切烦恼，我好像早已经回到了孩童时代，那种可以无所顾忌地奔跑在大自然的感觉又回来了。大自然，清晰、美丽，漫步在这里，我早已经忘却了我为什么会来这里，我的烦恼是什么。大自然，不仅仅是美的艺术家，更是最好的心灵治疗师。

社会的复杂让我们失去了生命的自由空间，生活在这种复杂的环境，忧虑和烦恼空前地膨胀着，我们只是不停地工作，从来没有闲暇时光，最终使得心灵干枯了。虽然我们看似得到了许多享乐，但那却不是幸福；拥有许多方便，但那却不是自由。我们差不多已经忘记了该如何享受生活，但若是回到大自然，我们的心灵将变得宁静而充盈，那种清晰的感觉唤起了我们对过去所有美好的回忆，幸福的感觉涌上来，那些糟糕的感觉早已经被覆盖而不知所终。

情绪启示

千百年来，我们一直遵循着天人合一的精神，人类应该感恩大自然，珍惜大自然，爱护大自然，享受大自然，这样我们才能在自然中找到丢失已久的快乐和宁静。如果我们的心情变得很差，那不妨投入大自然的怀抱吧，在这里，我们会忘记所有的烦恼，重新领悟生活的快乐与幸福，同时，也可以治愈我们心灵所有的伤痛，让我们的坏心情如尘埃般渺小。

1.大自然是最纯粹的风景

大自然里有什么呢？新鲜的空气、纯净的蓝天、迷蒙的烟雨、柔和的月光、连绵的青山、潺潺的流水……这一切都是美好而祥和的，它所带给我们心灵上的是平静，就好像是缓缓流动的水，带走了一直积压在我们心底深处的坏心情。大自然的美对每个人而言都是平等的，越是自然的东西，就越是接近生命的本质。

2.大自然给予心灵一个宁静的环境

只要我们能敞开怀抱，拥抱大自然的祥和与宁静，我们就可以真正地放下心中的牵挂和忧虑，在自然的怀抱中获得自在。在大自然的熏陶中，我们早已经放下欲望，干枯而缺乏营养的心灵在自然的馈赠中获得了滋养。在大自然的怀抱中，只要我们拥有平常心，不必付出任何代价，就可以享受美好的心情。

◆ 闻花草听鸟鸣，生活简单更快乐

生活中，其实每个人都生活在自己的围城里，巨大的竞争压力使人们渐渐忘记了自我欣赏和肯定，进而迷失了寻找自我意识的目标和方向。事实上，快乐是一种由心而生的乐观心态，它来源于人们克服困难的勇气和对生命归宿的信仰。在现实生活中，我们常常有这样的感叹：人际关系会让自己身心疲惫，因为人心是复杂的。在与人相处的过程中，我们需要考虑到别人的心理，甚至在某些时候，为了顾及到别人的感受，反而弄得我们自己身心疲惫，最终受委屈的是自己。所以我们才会说“做人难”，难就难在我们需要更多地考虑到别人的心理。长此以往，我们总是想到别人，而无视自己的感受，自然会觉得累。在这样的情况下，我们需要学会调适心情，让自己的生活变得简单起来，自然也就快乐多了。

杨大叔是村里出了名的“乐哈哈”，因为他几乎在每个时刻都是面带笑容，偶尔还会跟邻里乡亲开几句玩笑话。如果你了解他的生活，就会知道他的心情为什么总是这样好了。

在杨大婶的眼里，杨大叔是不学无术，总是摆弄那些花花草草，鱼儿、鸽子什么的，能变出几个钱呢？农村里朴实的妇女，她们的想法总是这样简单实在。但杨大叔总是说：“你不懂得啦，这是生活，这是情趣。”每次吃了饭，他总是先上楼看看笼里的鸽子，摸摸它们的羽毛，搂着它们，仔细观察它们的眼睛，一边嘴里嘀咕着：“这只鸽子可是好品种，它的妈妈可是信鸽，等它长大了，我也带着它去参加比赛。”放下它们，还会在一边观察它们很久才依依不舍地离开。

除了鸽子，杨大叔最大的爱好就是摆弄花花草草，他很喜欢将那些树枝弄成奇怪的形状，马啊，羊啊，龙啊。每每有朋友拜访，他就带着他们去参观自己的植物园，一边骄傲地介绍：“这是紫荆花，这是茶花，这可是我嫁接的，然后从小将它们固定成一定的形状，它们长大之后就是这个形状，这跟我们平时教育孩子是一个道理，在孩子小时候就需要多花心思，把他们教育好，培养他们良好的习惯和性格，如果小时候不教育好，长大之后再想教育，那肯定是不行的。像这些小树苗，在它们幼小时不弄成形状，长大之后你再想它们成型，那肯定会折断树枝的……”看来，杨大叔不仅种出了兴趣，还种出了“心得”。

有时候跟杨大婶闹别扭了，听着杨大婶的唠叨，大叔也不生气，只是笑呵呵地去看自己的花花草草了。实在无聊的时候，他就跟家里的小猫小狗说话，嘴里直嚷着：“猫咪，别懒了，你看太阳都照到屁股了，还在睡觉，快去看看屋里藏着老鼠没，快去，抓到了老鼠，晚上有红烧肉作为奖励。”也不知道小猫是听懂了，还是明白了他的意思，竟然真的撑腰起来，到屋里活动去了。

杨大叔是幸福快乐的，因为他只生活在自己的世界里，在那个世界里，没有烦恼，没有忧愁，有的只是娇艳的花儿、青翠的树木、调皮的小猫、乖巧的鸽子、忠实的小狗，所以，杨大叔才会那么一直“乐呵呵”地活着。试想，那些终日被功名利禄所劳累的人们，如果你看见了杨大叔的生活，是不是也会心生几分羡慕呢？

情绪启示

生活中，来自大自然的花草鸟鸣，给他们带来几分清新和快乐，让我们的心灵受到一种前所未有的简单之感。在花草鸟鸣中，我们的心灵不再沉重，有的只是无限的快乐，以及祥和的心境。

1.远离世界，只与花草为伴

好朋友读了研究生，但她最大的愿望就是开一家花店。或许，对于这样的愿望，多少人会满脸不屑：“都上了研究生了，怎么还会有这样幼稚的梦想呢？”对此，好朋友道出了内心的苦闷：“我觉得与复杂的人和事打交道，我会身心疲惫，我就是我，我不会为什么而变得圆润，为什么要那样累自己呢？相反，如果我整天与花花草草打交道，不仅不会累，而且还会将它们当成自己最好的朋友，向它们诉说自己的烦恼，那样的生活岂不是太美好？”听了朋友的话，许多人陷入了深思。

2.寻找心灵最初的快乐

在现实生活中，多少人为了所谓的事业而昧着良心做人，又有多少人因事业而变得世故圆滑，他们在取悦别人的同时，其实也丢掉了本真的自己。到最后，他们变得连自己都不认识了。所以，在生活中，我们更需要以花草鸟鸣来调节心情，在简单清静的世界里，找寻心灵最初的快乐。

◆ 变换色彩，心情也五彩缤纷

每天，我们都会接触色彩，其实色彩对我们的心情也是有帮助的，但前提条件是选择适合自己的颜色。一个终日穿着黑色衣服的人，想必他的心情不会好到哪里去，因为他所给自己搭配的颜色就泄露了其心理。我们可以说，透过一个人搭配的颜色可以看出其心情，反之，一个人所选择的色彩，其实是可以影响其心情的，即使他本身心情不怎么样，但如果懂得色彩的变换和搭配，那是可以给自己带来全新的好心情的，这就是改变所带来的效果。传说，在英国有一座桥，它有一个奇怪的特点，人们发现去那里跳桥自杀的人很多，后来，科技人员建议将桥漆成绿色，由于色彩带来的心理作用，去那里自杀的人明显减少了。

也许，这个故事是荒谬的，但据科学研究发现，色彩是视觉传达信息中的一个重要因素，自然，它也能够表达一定的感情，或者说可以带给我们不同的情绪、精神以及行动的反应。比如，所有的色彩中，橙色会让人感到温暖，红色比较醒目，当我们的心情比较烦闷的时候，若是看到红色，心情就会开朗起来，蓝色可以很好地将我们激动的情绪稳定下来。与其说色彩有一种魔力，还不如说色彩对我们的情绪有平缓的作用。对此，我们要善于借助色彩的魔力，让自己的心情变得五彩斑斓。

“色彩女人”于西蔓曾在央视“健康之路”节目中介绍了色彩在调节人们情绪时的神奇效果。于西蔓本身就是一个美丽而且十分干练的女人，短发，黑白条纹的上衣，黑色的短裤，黑色的低腰靴子。在她的身上，似乎有阳光在跳跃，每一次出现在人们眼前，她的整体服饰和装扮，总会给人明亮的和谐之感。这个懂色彩的女人，让自己的服饰告诉我们，明亮是一种心情，和谐是一种美，对于我们来说，色彩就像是一缕阳光，能为我们带来好心情。

于西蔓说：“色彩是人的视觉产生的感受，从色彩心理学的角度讲，环境色彩对人的心理的影响是巨大的，当你去体验一种感情、一种感觉的时候，最初传递给你的是视觉、听觉等感官印象。”她被誉为“中国色彩第一人”，致力于色彩方面的研究。

通过于老师的色彩心理学，我们知道，当我们的心情变得糟糕的时候，不妨通过色彩来调适自己的心情。比如，如果你习惯了从头到黑的装扮，那在一个心情郁闷的早上，不妨穿着亮丽的红色衣服，看着镜子里的自己，是否会觉得心情在一瞬间变得好了起来呢？如果你习惯了黑色的头发，也可以在一个阴雨的下午走进理发店，挑染一个亮色的发系，看着镜子中不一样的自己，心情是否也会变得好起来呢？答案自然是肯定的。

情绪启示

视觉对色彩的感知，会直接反映到大脑，引起神经变化，就会作用于心情。日常生活中，人们对服饰的选择，会受到心情的影响，但更多的是由个性决定的，个性活泼的人，多会选择亮色系的服饰。同时，服饰的色彩对人的情绪也有相当大的影响，一个性格忧虑的人若是穿上了亮色系的服饰，会相对改变她的心情。

在生活中，不要总是喜欢那几种颜色，而是学会尝试别的颜色，或许，其他的颜色会带给自己不一样的红色心情。大胆地变换色彩，给自己搭配出一个色彩斑斓的心情。

1.四季色彩与服装搭配

在色彩界，流行着“四季色彩理论”。比如，春天给人感觉是可爱、青春，时刻洋溢着一种热情。在春天，人们的肤色特征为：脸颊粉红、发色微黄、眼睛为较浅的棕色、嘴唇的自然色比较突出。那么，在春天，服饰颜色应以黄色为主，带黄的绿色和橘色都是十分适合的，因为只有温暖而明亮的颜色才能衬托出一个人在春天的美丽与气质。

2.颜色要以明亮轻快为主

色彩搭配要以浅淡、轻柔、明亮色彩为主。比如夏天给人柔和而优雅的感觉，在夏天，人们的肤色特征为：肤色粉白、发色灰黑、眼珠呈茶色、嘴唇呈桃色或粉色。那么，在夏天，服饰颜色应以轻柔淡雅的浅淡颜色为主，比如蓝色、紫色，不能选择浓重的颜色，因为颜色的厚重会破坏夏天的柔美。色彩搭配选择亮泽的冷色，选择相同的色系或相邻的色系中进行浓淡搭配。

◆ 沁人心脾的香味，带走心底的哀愁

传统医学认为：“鲜花草木，以其色、香、味构成不同的气，对人的身心都治疗的功效。”在生活中，我们总会看到在许多疗养院会广种花木，不仅美化了环境，而且有效地调节了病人的心情。香氛，对于大多数女性而言，并不陌生，因为她们喜欢在自己身上涂抹香水，那其实也是香氛的一种。但许多女性并没有意识到，香氛还有调节心情的效用。早在三国时期，华佗利用丁香、香草、檀香、红花等来治疗呼吸道疾病，效果令人满意。在20世纪70年代，苏联和德国曾用“园艺疗法”治疗抑郁症、失眠症，当时，安排了患者在街心公园劳动，他们在轻松的体力劳动中敞开了胸怀，享受着缤纷五彩和醉人的花香，那些疾病就在香气中慢慢消失了。一个人若是在花丛中漫步一小时，他可以呼吸到1000升带有花味的空气，而这些空气对于调节心情是很有帮助的。因为人的嗅觉对带有花味的空气十分敏感，因此，香氛可以调节人的情绪。

王太太一直在进行“芳香治疗”，她觉得通过治疗，自己的心情开朗了起来，感到比以前快乐。对此，王太太逢人便说“芳香治疗”的好处。

有一次，王太太的好朋友雅子忽然对她说：“我很恐惧，忽然产生了可怕而强烈的自杀念头，可我却不想死，害怕自杀，我很痛苦。”王太太感觉到雅子的情绪十分低落，为了帮助朋友摆脱痛苦的纠缠，她找到了精油专家，请他配了一瓶最好的精油。精油专家告诉王太太：“这个配方是15毫升葡萄子油

+15毫升琉璃苣油+6滴香蜂草，让你朋友每天用15～20滴早晚抹在前胸和心窝，白天用一支棉球滴上数滴放下胸罩内，早晚使用的时候，滴几滴在手中，用手掌铺盖在脸上吸闻。”王太太嘱咐朋友雅子按照这样的方法去做，一个月过去了，雅子真的放弃了自杀的念头，人也逐渐变得健康和开朗起来。

芳香治疗最基础的常识是依据每个人的情绪，选择不同的芳香精油，用以调解身心。在生活中，如果我们内心感觉到紧张、焦虑的时候，我们的背部肌肉、肠胃的平滑肌会呈现出一种痉挛的状态。而香氛中的酯类与酚醚类的分子具有抗痉挛的作用，可以解除身体上的警报。

情绪启示

芳香专家金郁容说：“每个人都有这样的亲身体验和感受，当我们到碧波荡漾的大海边，静谧的山峦，或者是鸟语花香的田园，或在森林中时，当我们嗅到海水，花香或植物的气味时，忽然会敞开胸怀，获得异常的喜悦和快感，你的身体，器官和细胞都被打开了。”

1.为自己制作“情绪精油”

由香氛制作出来的有“情绪精油”具有神奇的功效，法国法国气味学家通过研究表明，香味对于调节人的情绪、治疗疾病、保护人体身心健康，都具有十分重要的作用。比如，薰衣草香味能够改善抑郁症状和歇斯底里症状，消除内心的紧张；香橙的味道可以消除压抑气氛中产生的紧张、不安感；柚子味道有抑制内心愤怒的作用，等等。

2.香氛会让焦躁的情绪安静下来

香氛确实有这样的功效，让我们激动的心绪变得平静下来，从而达到稳定情绪的目的。当然，不同的香氛的作用也是不一样的，有的香氛可以缓解疲劳，有的香氛可以镇定安神。那些沁人心肺的味道，可以有效地调节我们的心情，将所有的不快都抛掷脑后，心情变得愉快起来，就犹如那香氛的味道一样，迷人而温雅。

3.不同香氛不同效果

在许多香氛中，极具代表性的有薰衣草、香蜂草、迷迭香、岩兰草、玫瑰等等，它们不同的香氛味道，所带来的效果也是大不一样的。比如，玫瑰代表着爱情，其实跟它的香气有很重要的关系。当你感到寂寞，感到被人抛弃的时候，往往会做出冲动的选择，而玫瑰的香味则让你平静下来，重拾爱的温暖；迷迭香给人的感觉是异常清醒的，具有醒脑的作用，一旦空气里弥漫了迷迭香的味道，就会增加人体血液里的含氧量，使一个人反应敏锐，思维更加清晰；薰衣草的香气对治疗心率过速有效，这是一种温馨，带着紫色幻梦的香味，同时，还有助于睡眠、放松等功效。

◆ 穿得漂亮，心情才会更漂亮

生活中，一个不注重穿着，邋邋遢遢的人，他的心情必定是不好的。因为修饰打扮也是需要时间和精力的，一个人只有在心情愉快的时候，他才会有心思去装扮自己，想象自己出现在人们面前是如何的情景。反之，一个人心情越差，他就越是没心情打理自己，我们经常在电影或电视剧中看见，那些失去了爱人的男人，在几天之内变得落魄潦倒：邋遢的衣服，起了褶皱的裤子，油腻的头发，长长的胡子。虽然，这样的现象稍带夸张的成分，但也可以看出，情绪对我们装扮的影响。当然，反过来，装扮对调节心情和情绪也是有帮助的。如果在坏情绪袭来的时候，你没有心思打扮自己，或者说打扮了也没用，那就大错特错了。在心情烦闷的时候，最直接的办法就是转移注意力，当你将所有的心思花在了装扮上面，你已经没有多余的时间去生气了。尤其是在修饰过程中，看着镜子里越来越漂亮的自己，你不仅不会变得沮丧，反而会变得高兴。

阿非曾经说："我的美丽心情就是缘于自爱。"让人不得不佩服这个标榜着自爱的女人，无论内外看她都觉得有种别致的美丽，有人问她，你美丽的心得是什么？她骄傲地将美丽的最的心得公布开来：再忙再累也不要忘记关爱自己，女人懂得自爱很重要，就跟你的皮肤和脸蛋一样重要。

现在，阿非每天都会做全身保养，这样会让皮肤有足够的水分，保持清爽白净。另外，阿非喜欢品牌，并且从一而终。她认为同一品牌的系列产品之间是互补的，一定可以对女人提供周到的呵护，她偏爱SK-II护肤品、法国"天使"牌香水、"GUCCI"鞋子，这样她觉得女人在内外统一的时候，这时候真的是可以非常美丽，而且，更重要的是心情会变得很好。对她来说，装扮修饰是最重要的，因为她始终相信：装扮自己，让自己变得漂亮是调节心情的一种有效方式。

在任何场合，阿非都特别注重服饰的选择，既得体大方，又能显现自己的美丽。她的助手曾这样说她："哪怕之前的心情有多么糟糕，只要她换上了宴会的服饰，笑容比谁都灿烂。"虽然嫁了一个很能干的老公，但她并不安于在家做全职太太，而是驰骋于职场，做一名出色的职业女性。她也会感到累，和大多数女人一样，她也钟情逛街，选择美丽的服饰，让自己看起来赏心悦目，这样可以减轻工作上带来的压力，还能够使自己拥有一份美丽的好心情。

如果你与阿非聊天，不仅会从她那里得到了快乐的传递，还有智慧的交锋，她坦然"我没有寂寞的夜晚"，这句话令很多人感动得不得了，因为没有人不感到过寂寞，但她却可以独自一个人品尝着生活的快乐，因为自爱，她是健康美丽的，不仅是外表，还拥有健康美丽的心态。

"哪怕之前的心情有多么糟糕，只要她患上了宴会的服饰，笑容比谁都灿烂。"不管自己的心情有多么差，但只要想到将自己的美丽展现在众人面前，大凡是女人都会笑得合不拢嘴的。自己变得漂亮了，那还有什么值得生气的呢？

情绪启示

有这样一种快乐的女生，每一段感情结束的时候，她们都会把自己打扮得很漂亮，哪怕前一天还灰头土脸地为男朋友做饭。可是，在宣告感情结束的那一天，她们一定会挑选最漂亮的服饰，选择最精致的妆容，或许，是因为难过的心情需要被安慰吧，她们通过外表的靓丽来调节内心的情绪，使自己能尽快地从失恋中走出来。

1.尽量选择颜色明亮的服饰

生活中的我们，与其将时间和精力花在生气上，不如花点心思修饰和打扮自己，因为自己漂亮了才会更加快乐。在生活中，有不少这样的人：他们对生活失去了希望，所选择的服饰颜色总徘徊在黑色与灰色之间，以致他们整个人给人的感觉都是压抑与苦闷。情绪是可以调整的，心情也是需要调节的，既然我们无法改变现状，那就改变心情。

2.改变服饰搭配，以此调节心情

如果你感到愤怒或烦闷的时候，请改变你那亘古不变的服饰搭配吧，以此来调节心情，当你外表已经变得光鲜亮丽，心境自然会变得美丽起来。不要以为装扮是无所谓的，更不要觉得服饰是不会说话的，当你衣着亮丽地站在镜子面前，你会发现，那些不会说话的服饰，正用着它独特的方式默默地为我们分忧解难，给我们抑郁的心情带来一丝阳光。

◆ 充实自己，生活丰富的人没空生气

生活中，那些无所事事的人才会处处生气，反之，一个不断充实自己生活的人，他是根本没时间去生气。那些喜欢生气的人总是抱怨："我有工作，但一天什么事情都不想干，总是提不起精神，面对着电脑，根本不知道自己要干什么，也不知道未来会怎么样，下班后无所事事，就好像一个游魂一样飘荡在大街上。无所事事，这本身就是一种消极的状态，不能明确自己的目标，不知道未来会怎么样，更重要的是，在这样的心理状态上，内心很容易滋生无名之火。人们常常在无所事事的状态下胡思乱想，结果越想越烦闷，那些无端端的事情也被牵扯了进来，最后被自己内心的郁闷之气所吞噬。

雯雯是一名自由职业者，平日里过着黑白颠倒的生活，晚上写稿子，白天睡觉。虽然养活自己不成问题，但雯雯总觉得自己生活缺少点什么，好像越是这样，越是觉得生活很颓废。偶尔与朋友联系，自己那阴阳怪气的语气，以及独具一格的个性也会惹得朋友不高兴。雯雯都不知道自己到底是出了什么问题。

好朋友安安说："你的生活太过无趣了，平时家里就只有你一个人，你自然会觉得烦闷，不如减少自己的工作量，经常出门做一些自己感兴趣的事情，比如你喜欢的瑜伽，唱歌，学学插花之类的，这样你的生活就会充实不少，生活丰富了，你就不会觉得烦闷了。"听了朋友的话，雯雯觉得自己似乎应该做一些改变。

雯雯开始将工作安排到白天做，规律自己的作息时间。除了工作，还会出门会朋友，练瑜伽，偶尔也会去KTV唱唱歌，不然就是学插花。每天雯雯都是精神百倍，因为她知道有新的生活在等着自己。这样时间长了，她不再胡思乱想，而是努力充实自己的新生活。

从心理学角度说，无所事事是一种消极情绪。那些无所事事的人，无一例外都是对理想和前途失去信心，对生命的意义没有正确认识的人。他们对现实消极失望，以冷漠的态度来对待生活，遇人遇事就摇头。有时候，为了摆脱烦闷，他们会沉浸到另外一种无所事事的生活中，漫无目的地游荡、闲逛，消磨大好时光。可以说，无所事事状态所带给我们的将是百害而无一利。

情绪启示

现代社会，经常流行的词语不是快乐、幸福，而是“无聊、郁闷、无趣”，我们总是感叹着自己的生活太无聊，太空虚。但当我们在叫嚣着的同时，为什么不尝试着去填补空虚的生活呢？当自己觉得无聊的时候，为什么不去做一些有意义的事情呢？只要我们的精力不在这里，而是致力于做一些有用的事情，我们就不会感觉到空虚，而是感觉到充实。

1.改变心态

当然，要想自己的生活变得丰富起来，变得充实起来，还需要改变我们的心态。生活本身是美好的，主要是看我们以怎样的态度去面对它。对生活缺乏热情的人，他们心中只有空虚，以及百无聊赖的寂寞，而那些对生活充满了热情的人，哪怕是蓝天白云，高山大海，他们依然积极地去感受大自然的美丽。当那份热情填补了生活的空白，你哪还有精力和时间去空虚呢？

2.点缀平淡无奇的生活

当然，生活本身是平淡的，就好像一张平白无奇的白纸。我们所需要做的就是在那张白纸上花上五彩斑斓的世界，各种点缀，各种颜色，将原本平淡无奇的生活变得丰富起来，变得充实起来。虽然会累点，但当你晚上回到家，躺在床上就能安然地睡着，这何尝不是一种幸福呢？当我们的生活变得丰富，变得充实起来，我们已经没有精力去生气了，我们所需要做的就是享受当下充实的生活。

参考文献

[1]奇普·康利.如何控制自己的情绪[M].北京：中信出版社，2013.

[2]奥里森·马登.情绪控制术[M].北京：新世界出版社，2013.

[3]徐宪江.哈佛情绪控制课[M].北京：中国法制出版社，2014.

[4]张廷伟.情绪掌控术:幸福的人生不失控[M].北京：中国社会出版社,2013.

[5]庞丽娟.别让心态毁了你：受益一生的情绪掌控法[M].北京：北京联合出版社，2015.